essentials liefern aktuelles Wissen in konzentrierter Form. Die Essenz dessen, worauf es als „State-of-the-Art" in der gegenwärtigen Fachdiskussion oder in der Praxis ankommt. *essentials* informieren schnell, unkompliziert und verständlich

- als Einführung in ein aktuelles Thema aus Ihrem Fachgebiet
- als Einstieg in ein für Sie noch unbekanntes Themenfeld
- als Einblick, um zum Thema mitreden zu können

Die Bücher in elektronischer und gedruckter Form bringen das Expertenwissen von Springer-Fachautoren kompakt zur Darstellung. Sie sind besonders für die Nutzung als eBook auf Tablet-PCs, eBook-Readern und Smartphones geeignet. *essentials:* Wissensbausteine aus den Wirtschafts-, Sozial- und Geisteswissenschaften, aus Technik und Naturwissenschaften sowie aus Medizin, Psychologie und Gesundheitsberufen. Von renommierten Autoren aller Springer-Verlagsmarken.

Weitere Bände in der Reihe http://www.springer.com/series/13088

Kristina Wanieck

Bionik für technische Produkte und Innovation

Ein Überblick für die Praxis

Springer Spektrum

Kristina Wanieck
Arbeitsgruppe Bionik, THD – Technische
Hochschule Deggendorf
Freyung, Deutschland

ISSN 2197-6708   ISSN 2197-6716   (electronic)
essentials
ISBN 978-3-658-28449-7   ISBN 978-3-658-28450-3   (eBook)
https://doi.org/10.1007/978-3-658-28450-3

Die Deutsche Nationalbibliothek verzeichnet diese Publikation in der Deutschen Nationalbibliografie; detaillierte bibliografische Daten sind im Internet über http://dnb.d-nb.de abrufbar.

Springer Spektrum ist ein Imprint der eingetragenen Gesellschaft Springer Fachmedien Wiesbaden GmbH und ist ein Teil von Springer Nature.
Die Anschrift der Gesellschaft ist: Abraham-Lincoln-Str. 46, 65189 Wiesbaden, Germany

Was Sie in diesem *essential* finden können

- Einen Einblick in die Grundlagen der Bionik
- Eine Übersicht der vielfältigen Anwendungsmöglichkeiten der Bionik
- Die Darstellung einer methodischen Vorgehensweise der Bionik in der Praxis
- Einen Bezug zu technischer Innovation und zur Nachhaltigkeit.

Vorwort

Bionik ist die Zusammensetzung der Worte BIOlogie und TechNIK und beschreibt eine Vorgehensweise für das Lernen von der Natur zum Lösen praktischer Probleme. Die Idee dahinter klingt durchaus verlockend: Die Natur hat in den rund vier Milliarden Jahren ihrer Entwicklungszeit zahlreiche Anpassungen an sich verändernde Umweltbedingungen hervorgebracht. Und nun kann man davon für Probleme bei technischen Produkten des täglichen Gebrauchs lernen: z. B. zum Schutz vor Abrieb oder Verschmutzung von Oberflächen, für Energie- und Materialeinsparungen, für Effizienzsteigerungen oder spezielle Haftungsmechanismen. Mit dem Blick in die Natur lassen sich Lösungsansätze finden, die nachweislich funktionieren und eine optimierte Anpassung der jeweiligen Lebewesen darstellen.

Was zunächst faszinierend und nachvollziehbar klingt, ist in Wirklichkeit ein komplexes und vielschichtiges Thema. Darüber hinaus bedürfen die Annahmen, die hinter dieser plakativen Beschreibung stecken, eines tieferen Verständnisses für die Prinzipien der Natur, für den Prozess der Bionik an sich sowie für die Anforderungen an jene, die dieses Wissen praktisch für sich nutzen möchten.

Das Buch konzentriert sich daher auf den Prozess der Bionik in der Praxis und beschreibt die allgemeine Vorgehensweise der Bionik mit den einzelnen Schritten und Aufgaben. Das Ziel dieses kompakten Buches ist es, die Bionik themen- und problemoffen zu beschreiben, also unabhängig von einer konkreten Fragestellung. Denn jedes Bionik-Projekt ist anders und erfordert spezielles Fachwissen – sowohl in der Grundlagenforschung als auch in der praktischen Anwendung. Die Grundlagen aus diesem Buch sollen es daher ermöglichen, die Bionik für die verschiedensten Fragestellungen und Projekte nutzen zu können.

In Ihrem Studium oder Ihrer Berufspraxis ist es wie im Leben selbst: Was Sie nicht lernen und kennenlernen, das wissen Sie nicht. In den meisten Studiengängen ist die Bionik bisher nicht verankert, obwohl nahezu jede Fachrichtung von diesem Wissen profitieren kann. Und so soll dieses Buch einen Grundstein legen, Bionik als neue Denkweise für die Problemlösung kennenzulernen. Es soll helfen, den Lösungsraum Natur überhaupt als potenziellen Ideengeber zu berücksichtigen. Dafür werden einige grundlegende Eigenschaften biologischer Vorbilder zusammengefasst und an Bionik-Beispielen deren Nutzung in der Technik verdeutlicht.

Darüber hinaus ist ein Umdenken in unserer Zeit essenziell, unumgänglich und eine Frage unserer und der nachkommenden Generationen. Dieses Buch soll daher eine Generation zukünftiger Innovatoren mit Kompaktwissen versorgen und ihnen helfen, die Komplexität und das Potenzial der Bionik zu erfassen. So können alle Bionik-Interessierten in Zukunft dazu beitragen, dass diese Disziplin ihr bekanntes Potenzial und ihren bedeutenden Einfluss auf unsere Wissenschaft, Wirtschaft und Gesellschaft entfaltet und einen Beitrag zu einer nachhaltigeren Welt leistet.

Damit richtet sich dieses Buch an Studierende verschiedener Disziplinen: der Natur- und Ingenieurwissenschaften, ebenso wie im Bereich Technisches Design, Produktentwicklung oder Innovationsmanagement. Es bietet ihnen einen ersten Einblick in das Thema, um dieses Fach später zu studieren oder sich weiterzubilden. Es richtet sich aber auch an Ingenieure und Entwickler aus der Praxis, die einen Einstieg in das Thema suchen, um darauf aufbauend eigene Projekte zu initiieren. Selbstverständlich ist auch der interessierte Leser willkommen, der sich schon immer fragte, wie man dieses spannende Thema tatsächlich angeht.

Neben dem Hintergrundwissen zur Entstehung und Definition der Bionik lernen Sie die Bionik als methodischen Ansatz für die technische Produktentwicklung kennen. Sie gehen dadurch einen ersten Schritt für eine zusätzliche Qualifikation, die es Ihnen ermöglichen soll, die Bionik ergänzend zu Ihrem Fachwissen in späteren Projekten einsetzen zu können.

Kristina Wanieck

Inhaltsverzeichnis

Einleitung

Für den Einsatz der Bionik in der Praxis lohnt es sich, ihre Entstehungsgeschichte, die verschiedenen Forschungsrichtungen und Anwendungsfelder sowie ihre Chancen und Grenzen anzuschauen. Dadurch erhält man einen guten Überblick, wie vielschichtig dieses Thema ist und wie man mit seinen persönlichen Interessen und eigenen Erfahrungen einen individuellen Zugang dazu findet.

1.1 Zur Geschichte der Bionik

Das Lernen von der Natur ist so alt wie die Menschheit selbst und begann mit dem vorwissenschaftlichen Beobachten der Natur, das sich über mehrere Entwicklungsstränge hin bis zum heutigen Anwendungspotenzial der Bionik entwickelt hat (Lepora et al. 2013; Vincent 2009).

Zunächst wurden die Zusammenhänge zwischen biologischer Form und ihrer Funktion beobachtet und erforscht, was zu praktischen Entwicklungen, wie der des Klettverschlusses, oder zu den ersten aerodynamischen Anwendungen führte. In einem zweiten großen Entwicklungsstrang drang die Forschung tiefer in das Verständnis von Zusammenhängen der Biologie ein, und so entwickelten sich Anwendungsgebiete in der Robotik sowie der Signal- und Informationsverarbeitung. Künstliche Intelligenz und bionische Algorithmen ergänzten die technikorientierte Bionik. Mit zunehmender technischer Entwicklung konnte die Erforschung der Natur den makroskopischen Bereich verlassen und in die Mikro- und Nanowelt der Biologie eindringen. Die Entdeckung der Selbstreinigungseigenschaften der Lotus-Pflanze (Barthlott und Neinhuis 1997), die Entwicklung bionischer Materialien, wie z. B. eines vom Gecko inspirierten Klebebands (Arzt

© Springer Fachmedien Wiesbaden GmbH, ein Teil von Springer Nature 2019
K. Wanieck, *Bionik für technische Produkte und Innovation*, essentials,
https://doi.org/10.1007/978-3-658-28450-3_1

2006), oder die technische Spinnenseide (Heim et al. 2009) sind einige der daraus resultierenden Beispiele. (von Gleich et al. 2007)

In der Bionik gilt es, Prinzipien der Natur zu verstehen, dabei gewonnene Erkenntnisse zu abstrahieren und in den jeweiligen Anwendungsbereich zu übertragen. In der Regel fokussiert die Bionik auf die Entwicklung und Optimierung technischer Produkte. Und durch die Übertragung von Erkenntnissen aus der Biologie in die Technik können ganz neue Lösungen entstehen.

Mittlerweile gilt die Bionik für technische Innovationen als etabliert und die wirklich interessanten Ansätze und Potenziale der Anwendung sollen sich in der Wirtschaftsbionik ergeben (Ferdinand et al. 2012). Diese hebt das Lernen von der Natur auf die Ebene der Organisationen und Systeme und bietet somit Möglichkeiten, wie sich ganze Wirtschafts- und Gesellschaftsbereiche durch Bionik an zukünftige Herausforderungen anpassen und weiterentwickeln können. Damit nehmen auch die Wirkmächtigkeit und das Anwendungsspektrum der Bionik zu, indem sich der Einfluss von den Bereichen Wissenschaft, Technik und Innovation auf Branchen, Märkte und die Gesellschaft ausdehnt. Dies sieht man u. a. am Beispiel von erweiterten Konzepten wie *Circular Economy* oder natur-basierten Lösungen für die Gesellschaft[1].

Es gibt verschiedene Begriffe und Ansätze, die das Lernen von der Natur beschreiben. Diese haben alle zum Ziel, die Prinzipien der Natur zu nutzen, um praktische Probleme zu lösen. Sie werden allerdings nicht einheitlich verwendet und z. T. kontrovers diskutiert. Im Folgenden werden diese Ansätze daher erklärt und definiert.

1.2 Definitionen

Für das Verständnis der in der Fachliteratur verwendeten Begriffe muss man zunächst den englischen und deutschen Sprachraum unterscheiden. Das Wort *Bionik* ist ein Kunstwort und existiert so nur im deutschsprachigen Raum.

▶ **Bionik** ist die „interdisziplinäre Zusammenarbeit von Biologie und Technik mit dem Ziel, durch Abstraktion, Übertragung und Anwendung von Erkenntnissen,

---

[1]Es handelt sich dabei um ein Programm der Europäischen Kommission (https://ec.europa. eu/research/environment/index.cfm?pg=nbs; Zugegriffen: 23.09.2019).

die an biologischen Vorbildern gewonnen werden, technische Fragestellungen zu lösen" (VDI 6220 Blatt 1:2012-12).[2]

Für dieses Kunstwort gibt es kein direktes englisches Pendant, denn der nahverwandte englische Begriff *bionic* oder *bionics* meint etwas gänzlich anderes. *Bionics* bezeichnet die Verbindung von *biology* und *electronics* und beschreibt die Verbesserung oder den Ersatz biologischer (Teil-)systeme durch mechanische und/oder elektronische Äquivalente, wie z. B. in der Prothetik und durch Implantate. Das biologische System wird also technisch verändert. In der Bionik dagegen ist das biologische System gar kein Teil der Lösung und wird somit auch nicht verändert. Es dient nur als Vorbild.

Neben dem Begriff Bionik wird im deutschsprachigen Raum auch der Begriff *Biomimetik* zusammen mit den Adjektiven *bionisch* und *biomimetisch* verwendet. Diese werden synonym gebraucht und stehen für den technisch-wissenschaftlichen Ansatz der Bionik. Dadurch erhält die Bionik nun ihr englischsprachiges Pendant durch den Begriff *biomimetics,* der inhaltlich die Übersetzung für *Bionik* darstellt.

In den vergangenen Jahren konnte nach zahlreichen Diskussionen ein internationaler Konsens für die Definition der Bionik gefunden werden, welcher in dem internationalen Standard zur Bionik veröffentlicht wurde:

▶ **Bionik** ist die „interdisziplinäre Zusammenarbeit von Biologie und Technik oder anderen innovativen Bereichen, um praktische Probleme zu lösen, durch die funktionale Analyse biologischer Systeme, ihrer Abstraktion zu Modellen und der Übertragung und Anwendung dieser Modelle auf die Lösung" (DIN ISO 18458:2016-08).

Im englischen Sprachgebrauch existieren des Weiteren die Begriffe *biomimicry* und *biomimetism,* wobei letztendlich nur der Ansatz *Biomimicry* eine bedeutende Rolle eingenommen hat und insbesondere in Nordamerika verbreitet ist (Benyus, 2008). Dabei liegt der Schwerpunkt von technischen Innovationen auf der Nachhaltigkeit im Sinne von Umweltverträglichkeit. Die Natur soll als Vorbild für nachhaltige Entwicklungen dienen, die insbesondere den Schutz der Umwelt zum Ziel haben.

---

[2]Hier ist bewusst eine der ersten Definitionen gewählt. In der überarbeiteten Fassung der VDI-Richtlinie wird diese Definition konkretisiert und erweitert (siehe VDI 6220 Blatt 1, 2019-07). Auf diese Überarbeitung wird bei der internationalen Definition eingegangen..

> **Die verschiedenen Begriffe und Ansätze der Bionik**
>
> - Bionik/*Biomimetics* hat zum Ziel, praktische Probleme zu lösen und umfasst die Analyse biologischer Systeme, die Abstraktion daraus gewonnener Erkenntnisse in Modelle und die Anwendung dieser Erkenntnisse in der (technischen) Lösung.
> - *Biomimicry* hat zum Ziel, nachhaltige, umweltverträgliche Lösungen für Probleme in Technik und Gesellschaft zu entwickeln, die auf einer eigenen Vorgehensweise und den so genannten *Life's Principles* basieren (vgl. Rowland 2017).
> - *Bionics* = *biology* + *electronics;* Biologische (Teil-)systeme werden durch mechanische und/oder elektronische Äquivalente ersetzt, z. B. in der Prothetik.

Der internationale Standard (DIN ISO 18458:2016-08) legt drei Kriterien fest, die ein Produkt eindeutig als bionisch kennzeichnen – und zwar nur dann, wenn alle drei Kriterien erfüllt sind:

1. Die Funktionsanalyse eines biologischen Systems muss stattgefunden haben,
2. das biologische System wurde in ein Modell abstrahiert und
3. das Modell wurde übertragen und angewendet, ohne das biologische System zu verwenden.

Die Bedeutung der wissenschaftlichen Tiefe und der Abstraktion in Bionik-Projekten wird im Laufe des Buches klarer. Am Ende wird der Leser eine gute persönliche Einschätzung machen können, wann er welche Begriffe verwendet.

1.3   Anwendungsfelder und Erfolgsbeispiele der Bionik

Entsprechend ihrer Definition lässt sich Bionik nutzen, um technische oder allgemein praktische Probleme zu lösen, und so gehen zahlreiche technische Entwicklungen auf die Inspiration durch die Natur zurück.

Zu den bekanntesten Beispielen der Bionik zählen der Klettverschluss und der Selbstreinigungseffekt der Lotus-Pflanze sowie Entwicklungen aus der Aerodynamik und Robotik: Winglets an Flugzeugtragflächen, Laufroboter oder das „Kofferfisch-Auto" sind nur einige bekannte Beispiele. Entspiegelte Glasoberflächen,

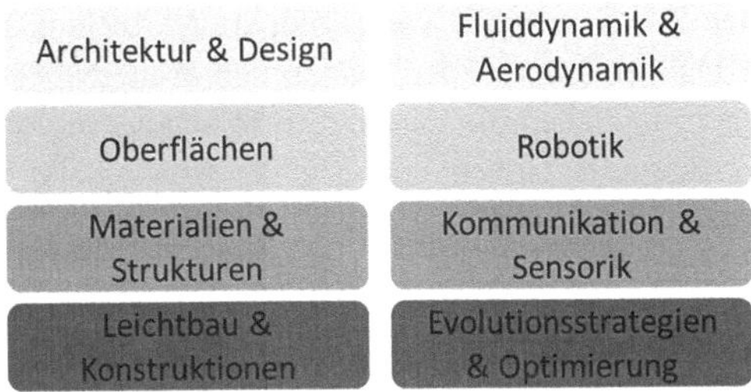

Abb. 1.1 Anwendungsfelder der Bionik. Die Anwendungsfelder der Bionik sind gleichzeitig auch ihre Forschungs- und Arbeitsschwerpunkte

hochsensitive Infrarotsensoren oder selbstheilende Materialien zeigen das breite Anwendungsspektrum der Bionik (siehe Speck 2012).

Abb. 1.1 zeigt eine Zusammenfassung der Anwendungsfelder der Bionik und verdeutlicht, dass die Bionik nahezu für jede Branche interessante Ansätze bieten kann. Die Nutzung der Problemlösungsstrategie Bionik in Unternehmen hängt daher maßgeblich davon ab, dass ihr Potenzial und ihre praktische Vorgehensweise bekannt sind.

Das Interessante an der Analyse von Bionik-Produkten ist die Einzigartigkeit ihres Erfolgs und des Entwicklungsprozesses. So zeigt das Beispiel des Klettverschlusses den Weg, den ein bionisches Produkt theoretisch gehen kann: Von einer zufälligen Naturbeobachtung hin zu einem marktfähigen Produkt und zur Gründung eines darauf basierenden weltweit agierenden Unternehmens mit – in diesem Fall – mehreren Tausend Mitarbeitern. Als das am weitesten verbreitete Produkt der Bionik ist der Klettverschluss bereits so im Alltag angekommen, dass sein Bezug zur Bionik zum Teil gar nicht mehr bekannt ist.

Am Beispiel des Selbstreinigungseffektes der Lotus-Pflanze (Barthlott und Neinhuis 1997) werden wichtige Grundlagen des Bionik-Prozesses deutlich: So benötigt Bionik Grundlagenforschung, um Phänomene der Natur verstehen und erklären zu können. Die Lotus-Pflanze besitzt keine sehr glatten, sondern strukturierte Oberflächen mit wachsartigen Strukturen. Die Adhäsionskräfte zwischen der Oberfläche und Schmutzpartikeln sind dadurch geringer als die zwischen fließendem Wasser und dem Schmutz. Abperlendes Wasser nimmt dadurch den Schmutz mit, was sich in der Anwendung bewährt hat, z. B. als Fassadenfarbe. Solche Farben benötigen weniger Reinigung und bleiben länger erhalten. Dadurch wird deutlich, dass Bionik auch einen Beitrag zur Nachhaltigkeit leisten kann (aber nicht muss).

Durch das enge Zusammenspiel von Biologie und Technik hängt der Erfolg der Bionik auch maßgeblich von der technischen Weiterentwicklung ab. Neue Analysemethoden ermöglichen die genauere Erforschung biologischer Systeme, und neuartige Fertigungstechniken erlauben die funktionelle Umsetzung biologischer Prinzipien in der Technik.

Biologie und Technik sind in der Bionik also eng verknüpft und die daraus resultierenden Entwicklungen können in beiden Disziplinen zu einem erheblichen Wissenszuwachs führen. Dabei müssen die Grenzen der beteiligten Disziplinen in der Zusammenarbeit überwunden und auftretende Herausforderungen gemeistert werden.

1.4 Herausforderungen und Grenzen der Bionik

Die Biodiversität stellt grundsätzlich eine Vielzahl an Vorbildern zur Verfügung, deren Prinzipien in der Technik funktionieren können. In Anbetracht dessen könnte man sagen, es wäre nahezu fahrlässig, dieses Wissen nicht zu nutzen. Trotzdem liefert die Biologie keine *optimalen* Lösungen für die Technik, die sich 1:1 übertragen ließen. Vielmehr erhält man einen Einblick in Prinzipien von Lebewesen, die sich für bestimmte Umwelt- und Lebensbedingungen angepasst haben. Dabei hat ihre Vorbildfunktion aber auch Grenzen (Fish und Beneski 2014). So muss man sich stets fragen, in welchem Kontext sich eine biologische Anpassung entwickelt hat, welche Funktion damit erfüllt wird und ob dieses Prinzip eine technische Anwendung verbessern kann. Dies erfordert in der Regel ein vertieftes Verständnis über biologische Systeme und meist auch die Einbeziehung von Biologen in den Entwicklungsprozess (vgl. Snell-Rood 2016).

Darüber hinaus kann Bionik ergänzend zur Entwicklungsarbeit eingesetzt werden und ersetzt aber nicht die klassische Ingenieurstätigkeit. Sie dient vielmehr als zusätzliche Methodik. Für deren erfolgreichen Einsatz ist allerdings ein tieferes Wissen über die Vorgehensweise notwendig und damit stößt der Entwickler bereits auf erste Hindernisse, indem er sich z. B. fragt, woher er das Wissen über Phänomene aus der Natur erlangt, wenn er sie nicht zufällig selbst in der Natur beobachtet oder schon einmal davon gehört hat. Der Entwickler sollte also die Aufgaben, die in einem Bionik-Projekt auf ihn zukommen, gut kennen und in der Lage sein, bei entsprechenden Schwierigkeiten auf externes Expertenwissen zurückzugreifen.

Eine weitere Schwierigkeit ist die Umsetzung eines Konzeptes in ein fertiges Produkt und dessen spätere Markteinführung. Umfassende Studien zur Bionik in Deutschland haben gezeigt, dass die Vielzahl der Ideen in der Konzept- oder

Prototypphase geblieben sind und den Weg auf den Markt nicht gefunden haben (Oertel und Grunwald 2006; von Gleich et al. 2007). In dieser Hinsicht müssen sich Bionik-Produkte genau wie andere traditionell entwickelte Produkte behaupten und ihren Weg auf den Markt finden. Um erfolgreich zu sein, müssen sie ebenso ein Problem lösen oder Bedürfnisse von Kunden wecken bzw. befriedigen. Durch den innovativen Charakter und die teils verblüffenden Lösungen der Natur haben Bionik-Produkte die Chance, sich gut platzieren zu können. Die bisher umfangreichste Studie zu Bionik-Produkten weltweit hat allerdings gezeigt, dass die Anzahl vorhandener Produkte mit 379 dokumentierten Fällen überschaubar ist (Jacobs et al. 2014). Als Grund für diese geringe Anzahl an Produkten wird u. a. eine fehlende Methodik aufgeführt. Deshalb konzentriert sich dieses Buch genau darauf und beschreibt einen Leitfaden für die Vorgehensweise der Bionik in der Praxis.

Um einige der erwähnten Herausforderungen zu meistern, werden in den folgenden Kapiteln die Grundlagen für die Bionik, ihre Vorgehensweise und die Unterstützung des Prozesses durch Werkzeuge und Methoden vorgestellt.

Grundlagen der Bionik 2

Biologische Erkenntnisse zu verstehen und zu abstrahieren, um sie in die Technik zu übertragen, ist komplizierter und herausfordernder als man auf den ersten Blick erwarten würde. Für ein grundlegendes Verständnis, wie diese Übertragung überhaupt funktionieren kann, muss man zunächst die Biologie in ihren Grundzügen kennen und verstehen. Im nächsten Schritt kann man entscheiden, wie man die Bionik anwenden möchte, ob in der wissenschaftlichen Forschung oder bei der Ideengenerierung für neue Produkte.

2.1 Die Biologie als Vorbild für die Technik

Die Biologie ist die Wissenschaft von der belebten Natur, den Lebewesen und den Gesetzmäßigkeiten im Ablauf des Lebens. Durch den hierarchischen Aufbau biologischer Systeme dienen Moleküle, Organellen, Zellen, Gewebe und Organe oder ganze Organismen als Forschungsobjekte. Darüber hinaus lässt sich das Verhalten von Organismen, deren Zusammenleben in Populationen und Ökosystemen sowie die Evolutionsmechanismen erforschen. Rund 9 Mio. existierende eukaryotische Arten von Lebewesen stellen im Hinblick auf die Bionik eine kaum vorstellbare Vielfalt an Formen, Strukturen, Materialien, Prozessen und Funktionen als Vorbilder zur Verfügung (vgl. Snell-Rood 2016). Auch von den Prinzipien der Evolution für Optimierungsprozesse kann die Bionik lernen. Die Erkenntnisse über biologische Systeme und ihre Funktionen dienen somit als Grundlage für die Bionik. Insbesondere handelt es sich dabei um die Welt der Tiere und Pflanzen mit ihren vielfältigen Entwicklungen und Anpassungen.

Biologische und technische Systeme zeigen einige unterschiedliche Systemeigenschaften. Während biologische Systeme sich zufällig entwickeln und sich

© Springer Fachmedien Wiesbaden GmbH, ein Teil von Springer Nature 2019
K. Wanieck, *Bionik für technische Produkte und Innovation*, essentials,
https://doi.org/10.1007/978-3-658-28450-3_2

auf die Optimierung des Gesamtsystems ausrichten, werden technische Systeme zielgerichtet entwickelt und häufig werden Einzelfunktionen optimiert. Auch zeichnen sich biologische Systeme meist durch Multifunktionalität aus.

Biologische Systeme sind außerdem durch ein enges Zusammenspiel von Material und Struktur sowie von Form und Funktion gekennzeichnet, die sich häufig nicht voneinander trennen lassen. Eine zwingende Verbindung von Form und Funktion, wie man es aus der Natur kennt, gibt es in der Technik nicht unbedingt. So können beispielsweise das Design und die Form von einer Kaffeemaschine stark variieren, auch wenn die Funktion erhalten bleibt.

Die Produktion von Material, Energie und Strukturen findet in der Natur nach bestimmten Regeln, Mechanismen und Prinzipien statt. Biologische Systeme verwenden hauptsächlich nur wenige Elemente und die Chemie findet in der Regel in wässriger Umgebung und unter milden Temperaturen statt. Material, Struktur, Form und Funktion sind häufig eng miteinander verbunden, sodass ein beobachtetes Phänomen genau verstanden werden muss. Dass beispielsweise ein Vogel im Schlagflug fliegen kann, liegt nicht nur an dem aerodynamisch sinnvollen Aufbau seiner Flügel und dem Prinzip von Auf- und Vortrieb, sondern u. a. auch an seinen leichten Knochen, der ausgeprägten Brustmuskulatur und dem effizienten Zusammenspiel von Muskel- und Nervensystem.

Möchte man also eine Beobachtung aus der Natur für die Technik nutzen, dann braucht man in der Regel ein vertieftes Verständnis des biologischen Systems auf den verschiedenen Skalierungsebenen (nano – mikro – meso – makro). Bei der Analogiebildung zwischen biologischen und technischen Funktionen ist es wichtig Randbedingungen zu kennen und zu definieren, um Fehlschlüsse zu vermeiden. Dabei ist beispielsweise die Berücksichtigung von Skalierungseffekten essenziell, damit die Analogiebildung sinnvoll ist. So lässt sich das Flugverhalten eines Insekts nicht 1:1 mit dem Flugverhalten eines Passagierflugzeugs vergleichen, da aufgrund der Größenverhältnisse der Objekte andere Strömungsgesetzmäßigkeiten herrschen. Entscheidend in der Bionik ist die Tatsache, dass es nicht um ein Kopieren der Natur geht, sondern um das Verstehen und Abstrahieren.

Die Bionik basiert auf der Grundlage, dass die physikalischen Randbedingungen, unter denen biologische und technische Systeme funktionieren müssen, gleich sind. Dies erst erlaubt die Verbindung von Biologie und Technik und den Wissenstransfer zwischen den Disziplinen. Um Biologie und Technik dann gegenüberzustellen und Analogien zu bilden, muss man physikalische Kenngrößen definieren, die man vergleichen möchte. Ansonsten entstehen Fehlinterpretationen und dadurch eventuell auch Rückschläge bei der Übertragung in die Technik. Hat man das biologische System verstanden und lässt sich das beobachtete Phänomen auf eine physikalisch-chemische Gesetzmäßigkeit abstrahieren, dann stehen die Chancen gut, dass man es für die Bionik und somit die Technik nutzen kann.

Um mit der Vielfalt und Komplexität der Natur in der Bionik umgehen zu können, bedarf es also der Abstraktion von Erkenntnissen, die an biologischen Vorbildern gewonnen werden. Die Erkenntnisse über biologische Vorbilder finden sich primär in der wissenschaftlichen Fachliteratur. Diese ist für den Bionik-Anwender häufig nur schwer verständlich, weshalb zum einen der Biologe in der Bionik eine bedeutende Rolle hat. Zum anderen kann auf Datenbanken über biologische Erkenntnisse zurückgegriffen werden, die als Werkzeuge der Bionik später näher vorgestellt werden.

Die Abstraktion von biologischen Erkenntnissen stellt ebenfalls eine Herausforderung dar, sowohl im Verständnis der biologischen Systeme als auch im Prozess der Bionik. Je nach beobachtetem Naturphänomen, dem jeweiligen Organismus und dem zugrunde liegenden Prinzip ist der Abstraktionsgrad unterschiedlich hoch, was Abb. 2.1 verdeutlicht. Die Analyse biologischer Systeme hat zum Ziel, Aussagen über die Struktur-Funktionszusammenhänge zu treffen und davon ausgehend technische Anwendungen abzuleiten.

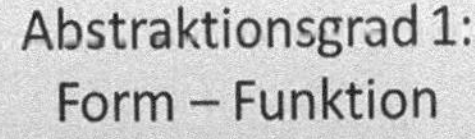

Abb. 2.1 Abstraktionsgrad von biologischen Erkenntnissen. Mit zunehmendem Abstraktionsgrad wird die Nähe zum Naturvorbild kleiner, das Anwendungspotenzial aber wächst

Betrachtet man beispielsweise die Entwicklung des Klettverschlusses, der von der Klettfrucht inspiriert ist. In diesem Fall beruht die Haftkraft der Klettfrucht auf der sichelartigen Form ihrer Häkchen, die sich sehr gut in flauschigem Material, wie Fell von Tieren, reversibel verhaken. Die technische Ableitung davon war naheliegend, indem ein System aus einem Hakenband mit einem flauschigen Band verknüpft wird. Die Patentschrift zum Klettverschluss zeigt aber auch technische Weiterentwicklungen des Haftmechanismus z. B. durch eine sogenannte Pilzkopfform. Der Abstraktionsgrad ist also niedrig, die Ähnlichkeit zum Naturvorbild ist groß und das Anwendungspotenzial bewegt sich im Kontext von der Verbindung zweier Oberflächen bzw. Objekte – in der Natur ebenso wie in der Technik.

Das Beispiel der Selbstreinigung des Lotus geht einen Schritt weiter und erfordert ein vertieftes Verständnis der Oberflächenfunktionalisierung in der Natur. Die Lotus-Pflanze scheidet durch die Verdunstung von Wasser an ihrer Blattoberfläche wachsartige Substanzen ab, die sich zu einer charakteristischen Oberflächenstruktur organisieren. Um den daraus resultierenden Selbstreinigungseffekt an technischen Oberflächen erzeugen zu können, genügt es nicht, solche ähnlichen wachsartigen Substanzen auf einer Oberfläche anzubringen. Hier gilt es das zugrunde liegende Prinzip zu abstrahieren und entsprechend zu formulieren: Man benötigt eine strukturierte und (super-)hydrophobe Oberfläche. Wie diese gestaltet wird, welche Materialien eingesetzt werden und wie sie dauerhaft produziert werden kann, das alles entscheidet der beteiligte Ingenieur. Die Nähe zum Naturvorbild ist durch diese stärkere Abstraktion des biologischen Systems niedriger als beim Klettverschluss, da man nicht mehr 1:1 die Strukturen der Lotus-Oberfläche nachahmt. Das Anwendungspotenzial steigt, da man nun je nach Anwendungsfall Struktur und Material wählt.

Beim Abstraktionsgrad 3 werden die Erkenntnisse über biologische Systeme zu allgemeinen innovativen Prinzipien abstrahiert, die primär der Ideengenerierung dienen. So kann man z. B. das vom Lotus bekannte Phänomen der Oberflächenstrukturierung auch als innovatives Prinzip verstehen, das sich in verschiedenen Bereichen anwenden lässt. Durch *Strukturierung,* zu der die Natur inspiriert, lassen sich beispielsweise neue Funktionen in Produkten integrieren, die nicht unmittelbar etwas mit Reinigbarkeit von Oberflächen zu tun haben, sondern z. B. eher der besseren Haptik, der Farbgebung oder der Informationsvermittlung dienen. Diese Ideen können bestehende Produkte verbessern.

Aufgrund der großen Biodiversität und der Komplexität der Natur ist es sehr schwierig, einzelne physikalisch-chemisch oder innovative Prinzipien der Natur über die gesamte Vielfalt biologischer Systeme zu definieren. Es gab bereits verschiedene Ansätze, biologische Charakteristika und Prinzipien zusammenzufassen. Einige dieser Ansätze werden im Laufe des Buches vorgestellt.

Die Möglichkeiten, wie man die Biologie als Vorbild für die Technik einsetzen kann, und wie stark man sich dabei an die Definition der Bionik hält, sind vielfältig und es bleibt dem Bionik-Nutzer überlassen, welchen Weg er einschlägt.

2.2 Verständnis der Bionik

Die Bionik als Wissenschaft ist ausreichend bekannt und weltweit gibt es zahlreiche renommierte Labore, Lehrstühle und Arbeitsgruppen, die sich an Universitäten und Forschungseinrichtungen mit der Bionik befassen. Die Forschung bezieht sich dabei in der Regel auf das Verstehen der biologischen Systeme und wie man dieses Wissen in technische Produkte überführen kann, wie z. B. die trockene Adhäsion von Insekten, Spinnentieren oder des Gecko auf verschiedenen Untergründen (Arzt 2006; Autumn und Gravish 2008). Diese basiert auf Mikro- und Nanostrukturen an den Füßen, deren optimale Form und Durchmesser die Haftkraft bestimmen. Die dabei bearbeiteten Projekte sind meist fachspezifisch und behandeln konkrete Anwendungen.

Möchte man die Bionik allerdings übergeordnet verstehen und für prinzipiell jegliche Fragestellung der Technik nutzen, benötigt man ein Verständnis der Bionik auf der Prozessebene, das konzeptionelles, prozedurales und metakognitives Wissen umfasst. Dazu zählt Wissen über Theorien, Klassifizierungen und Prinzipien der Bionik (konzeptionell), über Bionik-spezifische Fähigkeiten und Methoden (prozedural) sowie Wissen über kognitive Anforderungen und Aufgaben in der Bionik und die eigene Rolle im Prozess (meta-kognitiv).

Abb. 2.2 verdeutlicht, wie die Bionik in der Problemlösung eingesetzt und verstanden werden kann. Zunächst lassen sich vorhandene Bionik-Produkte nutzen, um ein bestehendes Problem zu lösen oder ein Produkt zu verbessern. So lässt sich beispielsweise Klebstoff einsparen, wenn man stattdessen Klettverschlüsse einsetzt. Daneben kann man für die Lösung eines Problems den klassischen Weg der Bionik wählen. Im vorherigen Abschnitt wurde auf die Abstraktion biologischer Erkenntnisse in innovative Prinzipien eingegangen. Diese können explizit der Ideengenerierung dienen, was als dritte Einsatzmöglichkeit der Bionik verstanden werden kann.

In allen Ansätzen handelt es sich um einen kreativen Prozess, bei dem über bestehende Grenzen hinweg neue Anregungen für die Entwicklungsarbeit gefunden werden. Dabei arbeiten verschiedene Fachrichtungen interdisziplinär an einer technischen Fragestellung und versuchen, die Natur mit ihren Prinzipien in den Lösungsfindungsprozess zu integrieren. Die Vorgehensweise der Bionik ist abhängig von der Fragestellung und dem gewählten Abstraktionsgrad.

Problem

Lösungsfindung durch

Vorhandene Bionik-Produkte	Klassische Bionik	Kreative Bionik
- Bionik als Wissenschaft - Marktfähige Entwicklung	- Bionik als Wissenschaft - Lösungsbasiert - Problemgetrieben	- Bionik als Kreativitätstechnik - als Innovations-strategie - Für die Ideengenerierung

Abb. 2.2 Wege der Bionik zur Problemlösung

Die Bionik kann somit verstanden werden als:

- Wissenschaft,
  zur Erforschung biologischer Systeme und ihrer Übertragbarkeit in technische Anwendungen (z. B. *Wie funktioniert die Abriebfestigkeit der Sandfisch-Haut?*); (vgl. Nachtigall 2010)
- Problemlösungsstrategie,
  zur Lösung technischer Probleme (z. B. *Wie lassen sich Kratzer auf Oberflächen vermeiden?*)
- Innovationsstrategie,
  zum Neudenken von Produkten (z. B. *Wie sieht das Flugzeug der Zukunft aus? Wie lässt es sich von der Natur inspiriert optimieren?* oder *Wie lässt sich Mobilität neu denken?*) (vgl. Bertling 2014)
- Kreativitätstechnik,
  zur Inspiration und Generierung von Ideen (z. B. *Wie lässt sich unser Produkt durch innovative Prinzipien der Natur – wie Strukturierung, Farbgebung, Modularität – optimieren?*).

Diese unterschiedlichen Betrachtungsweisen der Bionik sind eng miteinander verbunden und bedingen sich z. T. gegenseitig. So ist z. B. das Neudenken eines Produktes eng mit der Bionik als Problemlösungsstrategie verknüpft, weil man beispielsweise den Treibstoffverbrauch eines Flugzeugs optimieren möchte. Und man benötigt auch die Bionik als Wissenschaft, um dann u. a. Leichtbaustrukturen einsetzen zu können.

Die Bionik kann genutzt werden, um Produkte oder Prozesse zu optimieren oder gar Organisationen, Branchen und Märkte zu definieren. Im weiteren Verlauf des Buches wird der Fokus auf die technische Produktentwicklung und Innovation gelegt.

2.3   Produktentwicklung und Problemlösung

Bei der Entwicklung technischer Produkte benötigt man innovative Ideen oder Lösungsansätze für Probleme in bestehenden Produkten. Diese sollen dadurch verbessert werden und sich auf dem Markt durchsetzen. Der Entwickler hat daher das Ziel, das Produkt definierten Anforderungen anzupassen und weiterzuentwickeln, z. B. im Hinblick auf Funktionen, Funktionalitäten oder Formen. Spezielle Lösungen für existierende Probleme sind dabei nicht immer sofort erkennbar oder technische bzw. organisatorische Restriktionen schränken diese ein.

Produktentwicklung bedeutet auch, etwas Neues zu schaffen (Lindemann 2009), insbesondere wenn es darum geht, dem Innovationsdruck gerecht zu werden, unter dem sich Unternehmen befinden (Vahs 2013). Für seine Lösungs- oder Ideenfindung benötigt der Entwickler daher Ansätze, die es ihm ermöglichen, neue Ideen zu generieren oder vorhandene Barrieren in der Lösungsfindung zu überwinden.

Die Bionik ist solch ein Ansatz und sie eröffnet den Zugang zu einem Lösungsraum, den man normalerweise nicht heranziehen würde. Ein Beispiel, das dies verdeutlicht, ist der „Blaue Morphofalter" (*Morpho peleides* oder *Morpho rhetenor*), ein schillernd blauer Schmetterling, der keine Farbstoffe verwendet, sondern eine Schuppenstruktur besitzt, welche über den Interferenzeffekt für die Farbgebung verantwortlich ist. Dieser Schmetterling ist mit seiner Farbgebung Vorbild gewesen für die Entwicklung von sogenannten Displays der *Interferometric modular display*-Technologie (IMOD), welche in *E-Books* oder *Smartwatches* Verwendung finden sollte, da sie u. a. bei direktem Sonnenlicht gut lesbar und sehr energieeffizient sind. Auch wenn sich die Produkte am Markt nicht durchgesetzt haben, wer würde erwarten, dass ein Schmetterling die technische Entwicklung eines Displays inspirieren kann? Dieses Beispiel der

Bionik zeigt, wie bereits ein einziger Organismus aus der großen Biodiversität Ideen für technische Fragestellungen liefern kann.

Die Bionik ist daher als eine neue Denkweise zu verstehen. Das Wissen um ihr Potenzial für Innovationen muss aber zunächst bei den Nutzern ankommen.

2.4 Innovation

Eine Innovation ist definiert als eine Invention, die sich auf dem Markt durchgesetzt hat. Es handelt sich dabei nicht alleine um eine kreative Idee oder neue Technologie. Man unterscheidet bei Innovationen den Grad ihrer Neuheit und ihres Verbesserungspotenzials und darauf basierend verschiedene Typen von Innovation – inkrementelle bis hin zu radikaler Innovation (Gaubinger et al. 2015; Hartschen et al. 2015). Für die verschiedenen Arten von Innovationen benötigt man je nach Innovationsgrad eine erhebliche Anzahl von Versuchen. Beginnend mit durchschnittlich zehn Versuchen für eine offensichtliche konventionelle Lösung aus dem eigenen Fachgebiet bis hin zu Tausenden von Versuchen für höhere Level der Innovation. Ein Paradigmenwechsel würde mehr als durchschnittlich 100.000 Versuche benötigen (Altshuller 2000; Herb et al. 2000). Damit wird deutlich, dass Problemlösung und Innovationen sehr zeit- und arbeitsintensiv sein können. Bionik kann als eine Methode eingesetzt werden, um diesen Aufwand zu reduzieren, da man den Lösungsraum Natur für den Wissenstransfer gezielt nutzt.

Bionik kann dazu beitragen, dass neue wissenschaftliche Phänomene zu sogenannten Radikalinnovationen führen. Die technische Umsetzung der Selbstreinigungseigenschaften der Lotus-Pflanze war ein solch neues wissenschaftliches Phänomen, das die damalige Kenntnis der Physik und der Materialwissenschaften über die Reinigbarkeit von Oberflächen auf den Kopf stellte (vgl. Cerman et al. 2007). Indem man sich also fragt, wie die Natur eine entsprechende Funktion gelöst hat, können neue wissenschaftliche Phänomene entdeckt werden.

Bionik hat das Potenzial für Radikalinnovation, kann aber auch bei den Verbesserungsinnovationen einen elementaren Beitrag leisten. Dabei können Lösungen aus dem Bereich der Biologie in den jeweiligen Fachbereich übertragen werden und zu einer Verbesserung beitragen. Oder es werden neue wissenschaftliche Erkenntnisse aus der Biologie genutzt. Einige Beispiele sind:

- Geräuschreduktion von Flugzeugen oder Ventilatoren nach dem Vorbild von Eulen (Bachmann und Wagner 2011; Gao et al. 2015)
- Hochsensitive Infrarotsensoren nach dem Vorbild des Schwarzen Kiefernprachtkäfers (vgl. Speck 2012)
- Künstliche Haftmechanismen nach dem Vorbild des Geckos (Arzt 2006)

Für eine erfolgreiche Innovation benötigt man rund 60 Ideen. Und nur 2,4 % aller Ideen werden zu Verkaufserfolgen. Damit sind sieben von acht Stunden Entwicklungsarbeit zwar nicht umsonst, aber bleiben ohne messbaren Erfolg (Gimpel et al. 2000). Durch den Einsatz der Bionik lässt sich theoretisch die Ideengenerierung systematisieren, indem auf Lösungen der Natur zurückgegriffen wird, die sich in der Natur durchgesetzt haben.

Der Innovationsprozess gliedert sich in verschiedene Phasen, was in Abb. 2.3 vereinfacht dargestellt ist. Die Bionik kann dabei an unterschiedlichen Stellen im Prozess eingesetzt werden.

Die klassische Bedeutung kommt der Bionik auf der Stufe der Lösungsumsetzung zu, d. h. durch Analogiebildung wurde ein biologisches Vorbild gefunden, dessen Funktion bei gegebenen Randbedingungen mit der technischen übereinstimmt und dessen Übertragung durch Abstraktion möglich ist. Eine besondere Bedeutung kann die Bionik aber auch in der Phase der Ideengenerierung einnehmen. Der Abstraktionsgrad zum Einsetzen der Bionik kann dabei problemspezifisch gewählt werden.

Wird die Bionik im Innovationsprozess für die Ideengenerierung eingesetzt, erfüllt sie auch ihre Funktion als Kreativitätstechnik. Biologische Prinzipien können dabei systematisch für Anregungen zur Lösungsfindung genutzt werden.

Kreativitätstechniken sind Methoden, die es dem Entwickler ermöglichen, neue Ideen systematisch zu generieren. Sie erlauben es, neben der klassischen Entwicklungsarbeit Techniken einzusetzen, welche den Ideenpool deutlich erhöhen können. Geht man davon aus, dass nur ein geringer Teil von Ideen zu erfolgreichen Produkten wird, so wird klar, dass der Ideengenerierung eine besondere Bedeutung zukommt.

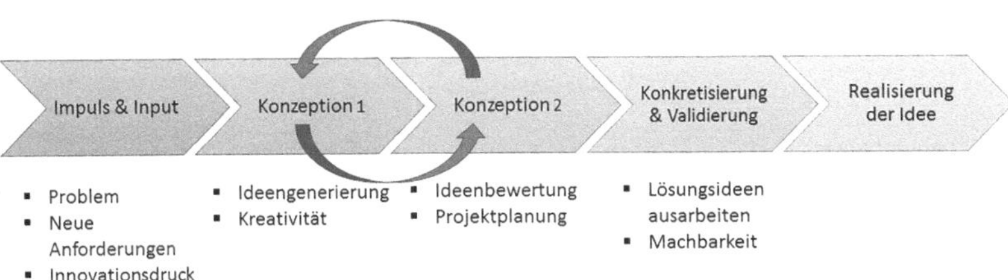

Abb. 2.3 Der vereinfachte Innovationsprozess. Die Bionik kann als Impulsgeber fungieren, wenn man gezielt Bionik im Innovationsprozess einsetzen möchte. Oder sie wird während der Konzeptphase eingesetzt, die aus Iterationen von Ideengenerierung und -bewertung besteht. Auch bei der Konkretisierung kann die Bionik noch einmal gezielt eingesetzt werden, um biologische Prinzipien in die Lösung zu integrieren

Da jedes Bionik-Projekt anders ist und jedes Unternehmen unterschiedliche Rahmenbedingungen mitbringt, ist es fast unmöglich, eine „einzig richtige" Vorgehensweise der Bionik pauschal zu empfehlen. Allerdings können die Schritte und Aufgaben einer allgemeinen Vorgehensweise beschrieben werden. Berücksichtigt man dann noch die Rahmenbedingungen wie die Komplexität des Produktes oder Problems, die organisatorischen Abläufe, die vorhandenen Kapazitäten und die Anforderungen an das spätere Produkt, lässt sich der im folgenden Kapitel beschriebene Prozess der Bionik individuell nutzen und erweitern.

Die Bionik benötigt innerhalb eines Unternehmens eine allgemeine Akzeptanz und Unterstützung und wird dort häufig durch Einzelpersonen bearbeitet und genutzt. Ihr Erfolg hängt daher maßgeblich auch von der Unternehmens- und Innovationskultur ab.

Der Impuls für ein Bionik-Projekt kann entweder aus der Biologie oder aus der Technik stammen. Die meisten der bisher entwickelten Produkte sind durch zufällige Entdeckungen in der Natur entstanden, wohingegen die gezielte Suche nach Lösungen in der Biologie für ein technisches Problem bisher eine untergeordnete Rolle einnimmt. Als ein Grund dafür wird eine fehlende Methodik genannt (vgl. Jacobs et al. 2014). Es ist also anzunehmen, dass die Bedeutung des problemgetriebenen Ansatzes der Bionik zunimmt, wenn die Methodik weitere Aufmerksamkeit erzielt.

3.1 Die zwei Wege der Bionik

Grundsätzlich gibt es zwei Wege, wie Bionik-Projekte initiiert und durchgeführt werden:

1. **Lösungsbasierter Ansatz** *(Bottom-Up, Biology Push, solution-based)*
   Der lösungsbasierte Ansatz ist mit einer zufälligen Entdeckung gleichzusetzen, bei der ein biologisches Phänomen Impulsgeber für ein Bionik-Projekt ist. Die Naturbeobachtung steht am Beginn. Dann wird versucht, das beobachtete Phänomen zu verstehen, zu abstrahieren und technisch zu nutzen. Ausgangspunkt für diese Vorgehensweise ist also die Biologie mit ihrer Grundlagenforschung (siehe Abb. 3.1).
   Durch Beobachtung eines Phänomens in der Natur wird der Nutzer angeregt, dieses für die Technik zu verwenden. Beispiele für diesen Ansatz der Bionik sind die bereits erwähnten Klassiker Klettverschluss, Selbstreinigungseffekt der Lotus-Pflanze oder Haftmechanismen nach dem Vorbild des Geckos.

© Springer Fachmedien Wiesbaden GmbH, ein Teil von Springer Nature 2019   19
K. Wanieck, *Bionik für technische Produkte und Innovation,* essentials,
https://doi.org/10.1007/978-3-658-28450-3_3

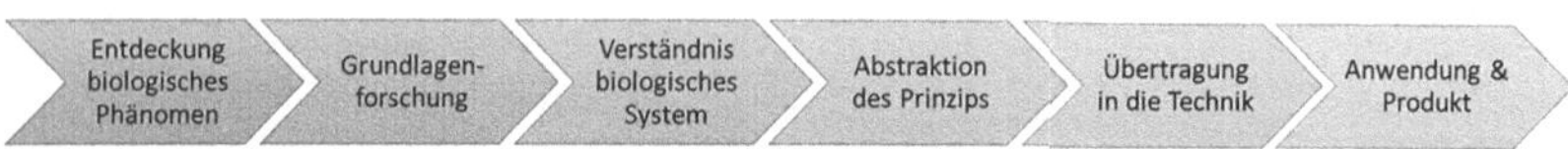

Abb. 3.1 Der lösungsbasierte Ansatz der Bionik

Es gibt aktuell Bestrebungen den lösungsbasierten Ansatz der Bionik stärker zu systematisieren und reproduzierbar zu gestalten. Dies beinhaltet u. a. die systematische Aufbereitung der wissenschaftlichen Biologie-Fachliteratur, die Zusammenfassung biologischer Prinzipien und die allgemeine Prozessbeschreibung. Die Forschung auf diesem Gebiet ist noch nicht so weit, als dass in diesem Buch eine solche Prozessbeschreibung wiedergegeben werden könnte. Daher sei an dieser Stelle auf die Literatur verwiesen, die den Prozess allgemein in wenigen Schritten erklärt (Speck 2012; VDI 6220 Blatt 1:2019-07).

2. **Problemgetriebener Ansatz** *(Top-Down, Technology Pull, problem-driven)*
In diesem Fall ist eine technische Fragestellung bzw. ein Problem der Ausgangspunkt für ein Bionik-Projekt. Abb. 3.2 fasst die einzelnen Schritte dieses Ansatzes zusammen. Man versucht dabei für die Lösung der technischen Fragestellung gezielt biologische Vorbilder zu finden, die eine Anpassung für dieses Problem entwickelt haben. Die Bedeutung und Einbeziehung der Biologie kann unterschiedlich intensiv sein und ist abhängig von der jeweiligen Fragestellung. Beispiele für diesen Ansatz sind Treibstoffeinsparungen beim Automobil, Bremsweg-optimierte Reifen, neuartige Kabeldurchführungen sowie selbstschärfende Messer (vgl. Speck 2012).

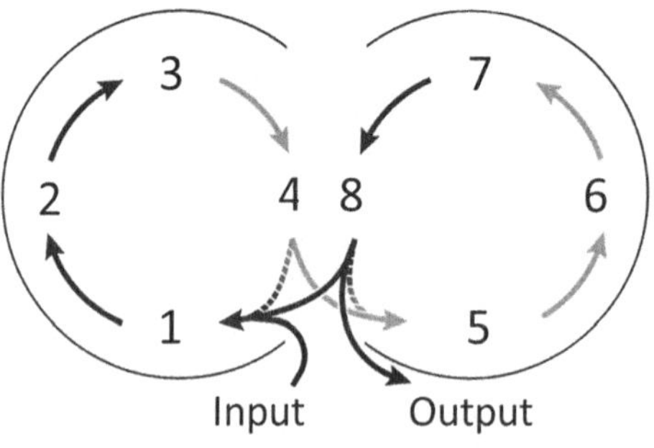

Abb. 3.2 Der problemgetriebene Ansatz der Bionik. (Adaptiert nach Fayemi et al. 2017; © IOP Publishing. Reproduced with permission. All rights reserved)

Für den problemgetriebenen Ansatz gibt es bereits vertieftes Wissen über den Prozess sowie die jeweiligen Aufgaben und Schritte, auftretende Schwierigkeiten und die Einbindung von Werkzeugen und Methoden, die den Prozess unterstützen (Beismann 2018; Fayemi et al. 2017; Wanieck et al. 2017). Dies wird im Folgenden näher erklärt.

3.2   Allgemeine Prozessbeschreibung für die Problemlösung

Die Ausgangssituation für den problemgetriebenen Ansatz der Bionik ist eine konkrete technische Fragestellung, für die durch konventionelle Lösungssuche kein zufriedenstellendes Ergebnis gefunden wurde oder aber die Lösung ist aufgrund bestehender Denkblockaden nicht direkt zugänglich. Wird das bestehende Problem lösungsneutral analysiert und abstrahiert, kann man sich biologische Lösungen zum Vorbild nehmen. Überträgt man die bekannten Lösungsstrategien dann wieder auf das konkrete Ursprungsproblem, hat man neue Ideen für eine spezielle Lösung generiert. Den Abstraktionsgrad kann man dabei bestimmen und so sehr nah am Naturvorbild und der technischen Fragestellung bleiben oder aber auch sich weiter davon entfernen und allgemeine Prinzipien der Natur als Anregung für neue Ideen nutzen.

Im Folgenden werden die einzelnen Schritte näher erklärt und es wird darauf verwiesen, welche Werkzeuge und Methoden die Überwindung von Herausforderungen der jeweiligen Schritte unterstützen können.

Schritt 1: Problemanalyse
Diesem Schritt kommt eine oft unterschätzte Bedeutung zu. Trifft ein Entwickler auf ein Problem, scheint meist die Ursache ausreichend bekannt zu sein. Je komplexer aber ein Problem ist, desto vielfältiger sind auch die Ursachen. Um zu wissen, was man lösen und erreichen möchte, muss man das Problem ausreichend analysieren (vgl. Gramann 2004; Jakoby 2013). Je besser das Problem verstanden ist, desto eher kann beurteilt werden, ob und wie sich Bionik zur Lösungsfindung eignet.

Grundsätzlich lässt sich sagen, dass der Problembereich zu den Lösungsbereichen der Natur passen muss. Durch die vielfältigen Themengebiete und Anwendungsbereiche der Bionik sind viele Fragestellungen abgedeckt. Bewegt sich das Problem allerdings in einem Bereich, für den es keine Überschneidung mit den Funktions- und Randbedingungen der Natur gibt, dann stößt die Bionik an ihre Grenzen, z. B. im Bereich der Emittierung von UV-Strahlung, für die es kein Naturpendant gibt (vgl. Gramann 2004).

Für diesen ersten Schritt sollte man sich ausreichend Zeit nehmen. Mehrere Personen, die das Problem beobachten, in die Analyse einbeziehen und sich primär fragen, wie sich das Problem lösungsneutral als zu erreichende Zielfunktion formulieren lässt.

Der Begriff *lösungsneutral* ist hier von besonderer Bedeutung und er bereitet häufig große Schwierigkeiten. In der Regel versucht man bei Problemen direkt eine Lösung zu finden. Deshalb nutzt man auch häufig unbewusst für die Beschreibung des Problems schon eine Lösung. Hat man z. B. das Problem, dass sich ein Gegenstand nur umständlich transportieren lässt und man möchte ihn möglichst *handlich transportieren* können. Dann beschreibt man oft das Problem, indem man sagt, dass man nach einer Möglichkeit sucht, den Gegenstand möglichst *klein zu falten*. Dann ist *Falten* aber schon eine potenzielle Lösung. Man könnte ihn ebenso *aufrollen* oder *zusammenschieben*. All dies sind Ausprägungen für die Funktion, *einen Gegenstand in seinem Volumen zu verkleinern* oder *zu packen*. Bei der Problembeschreibung sollte man also in der Formulierung des Problems bzw. in der zu erzielenden Funktion nicht bereits eine Lösung mit einbinden.

Schauen Sie sich zur Problemanalyse die Ist-Situation genau an und beschreiben Sie die Soll-Situation. Die Ist-Analyse wird oft unterschätzt, sie kann aber sehr helfen, Denkblockaden zu überwinden oder Lösungswege leichter zu finden. Wenn man seine Ausgangssituation gut kennt, kann das helfen, mit vorhandenen Ressourcen zu arbeiten oder bestimmte Gegebenheiten für die Lösung zu berücksichtigen (siehe Sell und Schimweg 2002).

Folgende Fragen sollte man in diesem ersten Schritt beantworten:

- Welche Funktion soll meine spätere Lösung erfüllen?
- Welche Randbedingungen sind unveränderlich?
- In welchem Kontext soll meine Lösung später funktionieren?

Selbstreinigungseffekt der Lotus-Pflanze

Am Beispiel des Selbstreinigungseffektes der Lotus-Pflanze wird deutlich, weshalb man sich bei der Entwicklung von Bionik-Produkten auch immer nach dem Kontext der späteren Anwendung fragen muss. Was auf einem Fahrzeug noch denkbar ist, wird z. B. als selbstreinigende Schränke in einer Küche wenig sinnvoll, wenn für die Reinigung in Innenräumen fließendes Wasser benötigt würde. Was sich auf den ersten Blick in der Bionik also zunächst interessant anhört, bedarf der genaueren Betrachtung und Analyse.

Zur Unterstützung der Problemanalyse eignen sich Werkzeuge aus dem allgemeinen Prozess der Problemlösung, wie z. B.

- W-Fragen: Es gibt zahlreiche W-Fragen, die Sie zum besseren Verständnis des Problems stellen können: *Was ist das Problem? Warum ist das ein Problem? Was ist mein Ist-Zustand? (z. B. Aufbau des Produktes, betroffene Elemente etc.) Wie zeigt sich das Problem? (z. B. räumlich und zeitlich) Was kann ich tun? (z. B. Handlungsmöglichkeiten, Anpassungen) Was hindert mich bisher an einer Lösung?*
- Idealität: *Wie sieht die ideale Lösung aus? Welche nützlichen Funktionen können maximiert, welche schädlichen Funktionen können minimiert werden?* (vgl. Domb 1998)
- Morphologischer Kasten: Sie können das Problem in funktionale Teilprobleme zerlegen, die z. B. Elemente, Funktionen und wichtigste Merkmale umfassen. Später werden den einzelnen Teilen die verschiedenen Lösungsansätze zugeordnet. Daraus ergibt sich ein Morphologischer Kasten als Gesamtübersicht von Lösungskombinationen (vgl. Gassmann und Granig 2013; Lindemann 2009).

Schwierigkeiten:

- Das Problem ist nicht ausreichend analysiert.
  Sie werden im weiteren Verlauf des Prozesses feststellen, ob das Problem ausreichend analysiert wurde. Ggf. werden Sie zu diesem Schritt an anderen Stellen zurückkehren.
- Das Problem erfordert mehrere Zielfunktionen.
  Die meisten Probleme sind komplex und haben mehrere Aspekte, die optimiert werden können. Priorisieren Sie die verschiedenen Aspekte und schauen Sie, ob Ihre Lösungsideen andere Teilaspekte eventuell mit lösen.

Das Ergebnis von Schritt 1 ist:

- Eine lösungsneutrale Problembeschreibung
- Das Ziel als Funktion beschrieben

Sie sollten sich möglichst zu Beginn des Projektes bereits fragen, welches Problem am Markt durch Ihre Entwicklung gelöst wird und ob es dafür überhaupt einen geeigneten Markt gibt. Ebenso sollten Sie, wie in jedem anderen

Entwicklungsprozess auch, frühzeitig über Kosten und Finanzierungsmöglich-keiten nachdenken.

Schritt 2: Problemabstraktion

Dieser Schritt ist eng mit Schritt 1 verknüpft. Die Ergebnisse aus Schritt 1 helfen bei der Abstraktion des technischen Problems, oder sie haben bereits zu einer abstrahierten Problembeschreibung geführt.

Die Abstraktion des technischen Problems ist sehr wichtig, weil sich zum einen Begriffe der Technik nicht 1:1 für die Suche in der Biologie eignen. Zum anderen muss das Problem bzw. die Zielfunktion so formuliert sein, dass man nach biologischen Vorbildern suchen kann.

Wählen Sie einen geeigneten Abstraktionsgrad. Abb. 3.3 verdeutlicht, dass man für eine bestimmte Fragestellung verschiedene Abstraktionslevel und Funktionen definieren kann, die man bei einer Fragestellung betrachten möchte.

Werkzeuge:

- *Biomimicry Taxonomy:* Die Taxonomie präsentiert Prinzipien der Natur, die auch helfen können, das technische Problem zu abstrahieren und allgemein zu beschreiben. Die Taxonomie findet man frei zugänglich im Internet.[1]
- Assoziationsliste: In dieser Tabelle findet man technische Funktionen abstrahiert und mit Analogien aus der Natur verknüpft. (Gramann 2004)
- *BIOlogy Inspired Problem Solving* (BIOPS®): Dieses Technik-Biologie-Wörterbuch hilft, für eine technische Fragestellung verschiedene weitere Begriffe zu finden. Außerdem verknüpft es die technischen Begriffe mit biologischen Vorbildern.[2]

Schwierigkeiten:

- Das Problem lässt verschiedene Abstraktionsgrade zu.
  Priorisieren Sie hier Ihre Zielfunktion, schließen sie die anderen aber nicht aus. Durch eine breitere Suche kann der Lösungsraum größer werden. Sie können dann später entscheiden, welcher Lösungsansatz am besten geeignet ist.
- Der Abstraktionsgrad muss im weiteren Verlauf des Prozesses angepasst werden. Ggf. müssen Sie später im Projekt Ihren Abstraktionsgrad noch einmal überdenken. Dies ist ganz normal und Teil der Entwicklungsarbeit.

---

[1]www.asknature.org/resource/biomimicry-taxonomy (Zugegriffen: 23.09.2019).
[2]BIOPS® ist als Demoversion frei zugänglich über: www.greentechxchange.com/biops/demo.cgi (Zugegriffen: 23.09.2019).

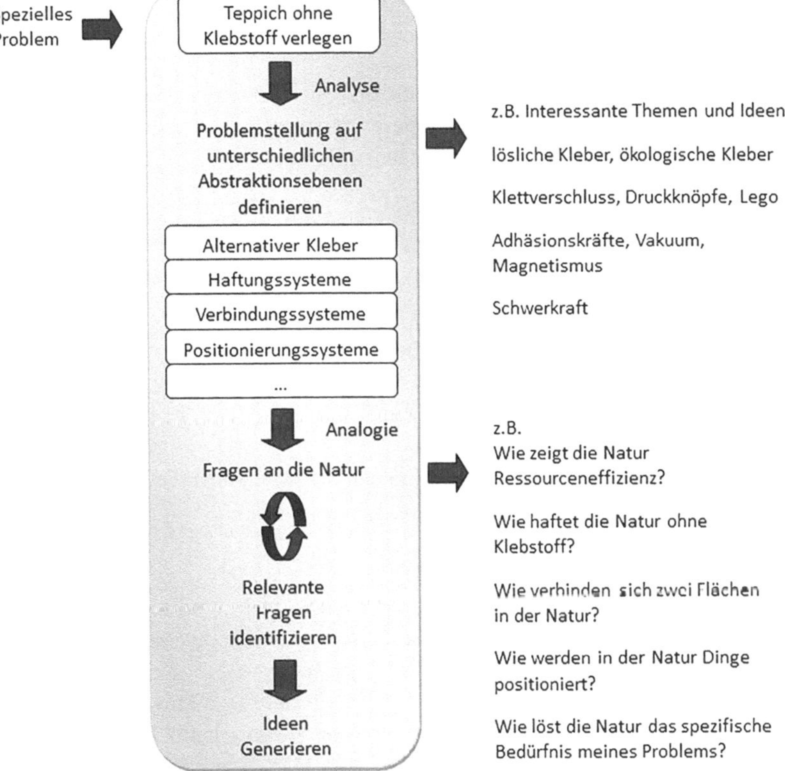

Abb. 3.3 Abstraktionsgrad und verschiedene Suchfunktionen bei einem Beispiel-Projekt

Das Ergebnis von Schritt 2 ist:

- Eine abstrahierte Problembeschreibung, die sich in die Biologie übertragen lässt.

Schritt 3: Übertragung in die Biologie

Schritt 3 dient der Formulierung eines Suchziels bzw. einer Funktion, nach der Sie in der Biologie suchen können, um geeignete Vorbilder zu finden.

Am besten formuliert man eine Frage im Sinne von:

- Wie löst die Natur die Funktion xy?
- Welche Organismen existieren, die die besondere Eigenschaft xy haben?
- Welche Anpassungen zeigen Lebewesen in speziellen oder extremen Habitaten, z. B. in sehr kalten, heißen, trockenen Gebieten?

Werkzeuge:

- *Biomimicry Taxonomy:* Für diesen Schritt eignet sich die Taxonomie besonders gut. Sie ist das am besten aufbereitete Werkzeug für diesen Schritt.
- Assoziationsliste von Gramann (2004)

Das Ergebnis von Schritt 3 ist:

- Eine oder mehrere Suchziele bzw. Fragen, mit denen man die Recherche nach biologischen Vorbildern beginnt.

Schritt 4: Suche biologischer Vorbilder
Der Zugang zur Vielfalt der Natur ist nicht einfach, auch wenn erste Erkenntnisse durch Enzyklopädien, Fernsehdokumentationen oder populärwissenschaftliche Literatur leicht möglich sind.

Um geeignete Vorbilder für die Lösung einer technischen Fragestellung zu finden, bedarf es der Auseinandersetzung mit meist wissenschaftlicher Fachliteratur aus der Biologie. Es gibt eigene Journale und Magazine, die sich speziell auf die Bionik konzentrieren. Eine gute Übersicht dazu findet sich in Lepora et al. (2013). Außerdem gibt es wissenschaftliche Datenbanken und Suchmaschinen, die einem den Zugang zur Fachliteratur ermöglichen.

Die Schwierigkeit bei der Suche in der Fachliteratur ist, dass die Biologie als Wissenschaft in der Regel zum Ziel hat, Grundlagenwissen über Lebewesen zu generieren. Die Nutzung dieses Wissens für technische Anwendungen ist von untergeordneter oder gar nicht vorhandener Bedeutung. Dies erschwert das Finden geeigneter Vorbilder, da die Verbindung zur Technik eigens hergestellt werden muss.

Zur Lösung dieser Schwierigkeit, sind Werkzeuge entwickelt worden, die biologische Vorbilder gezielt für die Bionik aufbereitet präsentieren. Sie helfen dem Nutzer, geeignete Vorbilder zu finden.

Werkzeuge:

- *AskNature:* Diese Webseite ist das am besten aufbereitete Werkzeug zur Präsentation von biologischen Vorbildern. Wie der Name schon sagt, können Sie hier Ihre Suchbegriffe in Form einer Frage an die Natur eingeben. Als erster Einstieg begeistert dieses Werkzeug in der Regel jeden Nutzer. Auf der Webseite finden Sie noch zahlreiche weitere Informationen und Hinweise zur Vorgehensweise (Hooker und Smith 2016).[3]
- E2BMO: Dieses online verfügbare Werkzeug bedarf einer intensiveren Einarbeitung und hat einen Bezug zu TRIZ (Theorie des erfinderischen Problemlösens). Es ermöglicht die Verbindung von abstrahierten technischen Prinzipien und biologischen Vorbildern (McInerney et al. 2018).[4]
- *PubMed* und *Science Direct:* Datenbanken für wissenschaftliche Fachliteratur aus Natur- und Ingenieurwissenschaften.[5]
- Fachbücher: Sie können auf Biologie- und Bionik-Literatur zurückgreifen (z. B. Nachtigall und Wisser 2005).
- *Google Scholar:* Auch hier finden Sie wissenschaftliche Fachliteratur, häufig mit den verfügbaren Dokumenten direkt verlinkt. Wenn Sie sich gut mit Suchmaschinen auskennen, können Sie die Suche optimieren, indem Sie sie z. B. mit vorher recherchierten Begriffen aus *AskNature* verbinden.

Wenn Sie nur schwierig Vorbilder finden:

- Überprüfen Sie die Ziel-Funktion.
- Überprüfen Sie die Randbedingungen.
- Finden Sie Anpassungen von Lebewesen an Extreme.
- Nutzen Sie die biologische Vielfalt innerhalb einer Lösungsfamilie (Bezug zu einer bestimmten Funktion).
- Beachten Sie die Multifunktionalität vieler Lebewesen.

---

[3]www.asknature.org (Zugegriffen: 23.09.2019).

[4]www.uakron.edu/BRIC/E2BMO (Zugegriffen: 23.09.2019).

[5]www.ncbi.nlm.nih.gov/pubmed/ und www.sciencedirect.com/ (Zugegriffen: 23.09.2019).

Das Ergebnis von Schritt 4 sind:

- Biologische Vorbilder, die eine ähnliche Funktion unter ähnlichen Randbedingungen wie die angestrebte Technik-Lösung aufweisen.
- Idealerweise mehrere Vorbilder, da die Natur in der Regel Eigenschaften mehrfach entwickelt hat.

Es kann sinnvoll sein, biologische Vorbilder aus den einzelnen Projekten in einer internen Datenbank zu sammeln und zu charakterisieren. Das kann in zukünftigen Projekten die Suche erleichtern.

Schritt 5: Auswahl geeigneter Vorbilder
In diesem Schritt muss entschieden werden, ob das oder die identifizierten biologischen Vorbilder für die Problemlösung geeignet sind. Da jedes Bionik-Projekt anders und speziell ist, lässt sich nicht verallgemeinern, wie und nach welchen Kriterien man ein biologisches Vorbild auswählt.

Grundsätzlich muss man zunächst das Phänomen des biologischen Vorbildes genau verstehen und das dahinter liegende Prinzip formulieren. Eine oberflächliche Betrachtung genügt in der Regel nicht und das Expertenwissen von Biologen ist nützlich und meist erforderlich. Beschreiben Sie also die biologische Lösung im Detail, sowie Strukturen und übergeordnete Funktionen.

Durch einen Analogievergleich der Eigenschaften des biologischen Vorbildes mit den technischen Anforderungen lässt sich entscheiden, ob eine technische Ableitung möglich und sinnvoll ist.

Werkzeuge:

- Gegenüberstellung und Vergleich der Anforderungen an die Technik und der Charakteristika des biologischen Vorbildes, z. B. mit einer vergleichenden Tabelle über Funktionen, Randbedingungen und Leistungskriterien. Wenn das biologische Vorbild mit seinen Eigenschaften vergleichbar ist mit den technischen Anforderungen, kann es ein geeignetes Vorbild sein (vgl. Helms und Goel 2014).

Das Ergebnis von Schritt 5 ist:

- Eine Auswahl geeigneter biologischer Vorbilder

Schritt 6: Abstraktion der Biologie
Bei der Abstraktion werden biologische Funktionen in den technischen Kontext übersetzt. Dabei wird das Naturprinzip vom biologischen Vorbild losgelöst und

auf eine physikalisch-chemische Funktion heruntergebrochen. Dadurch kann das Prinzip für die technische Anwendung nutzbar gemacht werden. Und das biologische Vorbild wird selbst nicht zum Teil der Technik.

Für die Abstraktion der Biologie gibt es ebenfalls keine allgemeine Vorgehensweise. Man kann versuchen, Funktionen im biologischen System durch die Hauptkomponenten Energie-, Material- und Informationsfluss zu beschreiben. Oder man fragt sich allgemein, was für die beobachtete Funktion verantwortlich ist. Die Antwort darauf wird sich höchstwahrscheinlich auf verschiedenen Skalierungsebenen finden, und die Abstraktionsarbeit erfordert Zeit und Expertenwissen. Möchte man z. B. ein detailliertes Funktionsmodell eines biologischen Vorbildes erarbeiten (Nagel et al. 2011, 2008), dann ist aus Erfahrung mit mehreren Stunden Arbeit pro Vorbild zu rechnen.

In der Regel unterstützt ein Biologe das Bionik-Projekt und kann dabei helfen, diesen essenziell wichtigen Schritt ordentlich durchzuführen.

Das Ergebnis von Schritt 6 ist:

- Die Beschreibung des biologischen Phänomens als ein physikalisch-chemisches Funktionsprinzip

Schritt 7: Übertragung in die Technik
Bei der Übertragung eines biologischen Prinzips in die Technik sind die Kreativität und Expertise des Ingenieurs, Entwicklers oder Designers gefragt.

Aus den Erkenntnissen über das biologische Prinzip werden nun Ideen für das zu lösende Problem gesammelt. Die zu beantwortenden Fragen dabei lauten u. a.:

- Wie ließe sich dieses Prinzip technisch umsetzen?
- Welche technischen Möglichkeiten zur Herstellung gibt es?
- Welche Materialien, Methoden und Anwendungsmöglichkeiten gibt es dabei?
- Soll die Umweltverträglichkeit berücksichtigt werden?

Hier können Sie auch weitere innovative Prinzipien der Natur einsetzen, um ihre ersten Ideen weiter zu optimieren. Sie haben nun alle Freiheit zu entscheiden, wie nah Sie am Naturvorbild bleiben möchten oder welche weiteren Funktionalitäten technisch machbar und sinnvoll wären. Entscheiden Sie, ob Sie eine echte bionische Entwicklung anstreben, die den drei Kriterien der Bionik entspricht. Oder ob Sie eher eine biologisch-inspirierte Lösung umsetzen.

Dabei gilt:

- Quantität vor Qualität der Ideen
- Ideenbewertung und Ideenauswahl erfolgen im nächsten Schritt
- Ggf. Einbeziehung von Experten
- Prüfen von Übertragbarkeit aus der Biologie sowie technischer Machbarkeit und Umsetzbarkeit

Das Ergebnis von Schritt 7 ist:

- Ein erstes Lösungskonzept
- Ein MVP (*Minimal Viable Product,* erste minimal funktionsfähige Version eines Produktes): Es kann sich lohnen, frühzeitig erste Minimallösungen zu entwickeln und zu testen, um aus deren Umsetzung für die spätere technische Umsetzung zu lernen.

Schritt 8: Anwendung & Tests

Im letzten Schritt wird das Lösungskonzept umgesetzt, geprüft und verbessert. Häufig ist es notwendig, die Biologie erneut zu untersuchen (Schritt 4 und Schritt 6), um herauszufinden, weshalb z. B. auftretende Schwierigkeiten der technischen Anwendung in der Natur nicht auftreten. So sind technische Oberflächenfunktionen häufig durch mechanische Belastung nur kurzlebig. Biologische Oberflächen dagegen können sich durch ihre Selbstreparaturmechanismen erneuern.

In diesem Schritt werden auch die Weichen für die Produktion, die Markteinführung und das Marketing gestellt. Versuchen Sie mit Bionik nur zu werben, wenn Ihr Produkt den Kriterien für ein Bionik-Produkt entspricht. Sonst wird die Bionik in ihrem Potenzial verwässert – ein wichtiger Aspekt, auch wenn er ggf. für die Industrie von untergeordneter Rolle ist, solange das Produkt funktioniert.

An dieser Stelle können Sie sich auch fragen, ob Sie die Nachhaltigkeit berücksichtigen möchten, d. h. ob Ihre Lösung einen positiven ökonomischen, sozialen oder umweltrelevanten Einfluss hat.

Die Entwicklungszeiten für Bionik-Produkte variieren je nach der Intensität der erforderlichen Forschungsarbeit zum Verständnis biologischer Systeme und der Abstraktion der gewonnenen Erkenntnisse. Die Entwicklung eines rentablen Produktes ist wahrscheinlich zeitaufwendiger als wenn sich die Lösung im eigenen Technikumfeld bewegt. So kann die Hochskalierung besonders anspruchsvoll sein, wie man am Beispiel von biologisch inspirierten hierarchischen Strukturen in den Materialwissenschaften sehen kann.

Im Durchschnitt liegen die Entwicklungszeiten in einem Bionik-Projekt von einer Idee bis zu einem am Markt eingeführten Produkt bei sechs bis neun Jahren.

Allerdings gibt es auch durchaus schnellere Lösungen oder es lassen sich häufig in ein bis zwei Jahren erste Ergebnisse umsetzen (Chirazi et al. 2019).

Abb. 3.4 fasst noch einmal alle Schritte der Vorgehensweise mit den wichtigsten Aspekten auf einer Seite zusammen.

> **Muster:** Zusammenfassung Vorgehensweise für die Problemlösung

Schritt 1: Problemanalyse
- Funktionale Zerlegung
- Ist-Soll-Situation
- Zielfunktion definieren

Schritt 2: Problemabstraktion
- Bestimmung Abstraktionsgrad
- Lösungsneutrale Problembeschreibung

Schritt 3: Übertragung in die Biologie
- Fragen an die Natur formulieren
- Sprache der Biologie verwenden

Schritt 4: Suche biologischer Vorbilder
- Verwendung von Suchmaschinen und Datenbanken
- Berücksichtigung von Randbedingungen, Multifunktionalität und Lösungsfamilien

Schritt 5: Auswahl geeigneter Vorbilder
- Beschreibung von Strukturen und Funktionen
- Gegenüberstellung und Vergleich von Biologie und Technik

Schritt 6: Abstraktion der Biologie
- Beschreibung von physikalisch-chemischem Prinzip
- Funktionale Modellierung
- Biologisches System ist nicht Teil der Lösung

Schritt 7: Übertragung in die Technik
- Übertragbarkeit
- Machbarkeit
- Umsetzbarkeit

Schritt 8: Anwendung & Tests
- Produktion
- Markteinführung
- Nachhaltigkeit

Abb. 3.4 Zusammenfassung der Schritt-für-Schritt-Anwendung der Bionik

3.3   Werkzeuge und Methoden

In der Bionik wurden in den letzten Jahrzehnten zahlreiche Werkzeuge entwickelt, die den allgemeinen Entwicklungsprozess unterstützen können (vgl. Fayemi et al. 2017, 2015; Hollermann 2012; Wanieck et al. 2017). Einige davon wurden im vorherigen Abschnitt erwähnt und verlinkt. Auch Methoden aus der allgemeinen Entwicklung technischer Produkte können genutzt werden. Eine davon abgeleitete methodische Vorgehensweise mit Bezug zur Bionik finden Sie in Beismann (2018).

Obwohl es weit über vierzig solche Werkzeuge und Methoden gibt, bleibt die Schwierigkeit, dass der Großteil dieser Werkzeuge für die Praxis eher untauglich ist, da sie beispielsweise nur in der wissenschaftlichen Fachliteratur beschrieben sind oder von ihnen weder eine Demo- noch eine käuflich zu erwerbende Version existiert. Trotzdem sind sie von großem Wert und es ist zu erwarten, dass in den nächsten Jahren weitere verfügbare Werkzeuge und Methoden für den Bionik-Prozess zur Verfügung stehen werden, die stärker praxisorientiert sind.

Darüber hinaus sollten Sie die Methoden des Projektmanagements, die Ihnen vertraut sind, mit einbeziehen. So steht es Ihnen frei, agile Managementmethoden zu nutzen, um beispielsweise frühzeitig erste Erkenntnisse aus der Biologie in einfachen MVPs oder Prototypen zu testen.

Der Erfolg von Bionik hängt von ihrem Bekanntheitsgrad und ihrem Einsatz in den Entwicklungsabteilungen von Unternehmen ab. Somit kommt den geschulten Mitarbeitern eine entscheidende Bedeutung zu. Gerade bei der Nutzung von Werkzeugen und Methoden ist zu beachten, dass man nicht nur die Bionik selber erlernen muss, sondern auch die jeweiligen Werkzeuge und Methoden, die viel Übung und ein vertieftes Verständnis erfordern. Schulungen im Kontext der Bionik werden daher immer wichtiger, es sei denn man integriert Experten in den Prozess, die diese Aufgaben übernehmen. So stehen Unternehmen durch mehrere Studiengänge in Deutschland ausgebildete Bioniker als zukünftige Mitarbeiter zur Verfügung und können gezielt eingestellt werden.

3.4   Verschiedene Rollen in Bionik-Projekten

Die Bionik ist per Definition eine interdisziplinäre Zusammenarbeit, vor allem der Biologie und Technik – oder allgemein der Natur- und Ingenieurwissenschaften. Damit arbeiten in Bionik-Projekten in der Regel Wissenschaftler verschiedener akademischer Hintergründe zusammen und sie erfüllen verschiedene Aufgaben. Logischerweise wird der Biologe insbesondere für die Schritte verantwortlich sein, in denen es um die Analogiesuche und das Verständnis biologischer Systeme geht. Umgekehrt wird der Ingenieur bei der Problemanalyse und der Anwendung der Erkenntnisse aus der Biologie in die Technik gefordert sein. Die Schritte *Problemabstraktion, Übertragung in die Biologie* sowie *die Auswahl geeigneter Vorbilder* und deren *Übertragung in die Technik* erfordern Wissen beider Disziplinen. Aus dieser Zusammenarbeit kann gemeinsam neues Wissen generiert werden.

Für Bionik-Anwender stellt sich daher die Frage, wie weit die eigene Expertise und Erfahrung ausreicht, um die Schritte des Bionik-Prozesses eigenständig durchzuführen. Dies ist mitunter nicht nur eine Frage des Könnens *(Welche Schritte kann ich durchführen?)*, sondern auch des Wollens *(Welche Schritte interessieren mich?)*. Die Recherche biologischer Vorbilder beispielsweise kann schwierig und mühsam sein – auch für einen Biologen. Das Verständnis der Biologie und die Entscheidung, ob und wie dieses Wissen für die jeweilige Fragestellung relevant und lösungsbringend sein kann, sind häufig herausfordernd und erfordern den gegenseitigen Austausch der unterschiedlichen Disziplinen. Insbesondere wenn es um die Anwendung der Bionik in der Industrie geht und konkret technische Fragestellungen gelöst werden sollen, sind Kommunikation, Offenheit und interdisziplinäres Denken essenziell wichtig.

Wie bereits erwähnt kann der Bionik-Prozess weitere Expertise erfordern und mit einbeziehen. Wissen über Innovations- und Projektmanagement kann helfen, Projekte sinnvoll zu strukturieren und marktorientiert zu arbeiten. Dem Bionik-Anwender sind dabei keine Grenzen gesetzt und er kann auswählen, welches zusätzliche Wissen er für den Prozess nutzt.

In der Regel benötigt der Bionik-Prozess die folgenden Rollen in einem Team:

- Technik-Analyst: Er beschreibt das Problem, den Kontext und die Anforderungen an die spätere Lösung (Schritte 1 und 2).
- Mediator Technik – Biologie: Er kommuniziert das Problem an den Biologen (Schritt 3) und bewertet, ob recherchierte biologische Vorbilder mit ihren Prinzipien geeignet sein könnten für die Lösung (Schritt 5, 6 und 7).
- Biologie-Rechercheur: Er versteht das technische Problem und übersetzt es zusammen mit dem Mediator in eine biologische Zielfunktion (Schritt 3). Er sucht nach biologischen Vorbildern und entscheidet, welche Vorbilder bzw. Prinzipien der Natur für die technische Fragestellung

relevant sein könnten (Schritt 4). Dafür benötigt er ein gutes Verständnis des technischen Problems.

- Biologie-Modellbilder: Zusammen mit dem Mediator und dem Rechercheur wählt er geeignete Vorbilder aus (Schritt 5) und hilft bei der Abstraktion des biologischen Vorbildes (Schritt 6). Er unterstützt den Technik-Anwender dabei, geeignete Konzepte zu entwickeln (Schritt 7).
- Technik-Anwender: Er nutzt die Erkenntnisse aus den früheren Schritten, um erste Lösungskonzepte zu entwickeln (Schritt 7). Er definiert geeignete Materialien, Prozesse und Umsetzungsmöglichkeiten. Zusammen mit dem Analyst entscheidet er, ob die Anforderungen erfüllt sind und das ursprüngliche Problem zufriedenstellend gelöst wurde.

Eine Person kann mehrere der Rollen einnehmen und sie kann aus dem akademischen oder dem nicht-akademischen Umfeld kommen. Die Fragestellung, die spezifischen Anforderungen des Projektes und die Unternehmenskultur legen fest, wer wie im Prozess beteiligt ist.

3.5 *Good Practice*-Beispiele

Mit dem Klettverschluss wurde bereits ein Bionik-Projekt vorgestellt, das von einer Zufallsbeobachtung in der Natur hin zu einem weltweit agierenden Unternehmen geführt hat. Der Selbstreinigungseffekt der Lotus-Pflanze hat gezeigt, wie eine Naturbeobachtung einen Paradigmenwechsel in der Wissenschaft und zahlreiche Anwendungen bewirkt hat.

Es lässt sich bei einer technischen Fragestellung nicht von vorneherein sagen, zu welchen Ergebnissen die Bionik kommen wird und ob diese Ergebnisse auch „besser" sind als die der klassischen Entwicklungsarbeit. Trotzdem ist es sicherlich unumstritten, den Einsatz von Bionik als einen grundlegenden Vorteil zu betrachten. Denn man eröffnet sich einen Lösungsraum, der sonst in der Regel unbeachtet bliebe. Die ersten Erkenntnisse sind dabei in der Regel einfach möglich, die Umsetzung in ein erfolgreiches Produkt erfordert aber meist ein tieferes Fachwissen, Grundlagenforschung in den verschiedenen Disziplinen sowie den Austausch mit und die Einbindung von Experten. Von bereits erfolgreichen Projekten lässt sich sowohl für den Bionik-Prozess als auch für das Management der Projekte einiges lernen (siehe Chirazi et al. 2019).

Das folgende Beispiel soll noch einmal die allgemeine Prozessbeschreibung, die Abstraktion biologischer Erkenntnisse und das Potenzial der Bionik verdeutlichen:

Technische Herausforderung: Einsparung von Schadstoffen in Lacken

Die Fragestellung könnte dadurch inspiriert sein, dass sich gesetzliche Regelungen geändert haben. Das Einsparen von Schadstoffen in Lacken erfordert zunächst die Klärung, welche Schadstoffe eingespart oder ersetzt werden sollten. Es könnte sich dabei um Schwermetalle oder um flüchtige organische Substanzen aus Lösungsmitteln handeln (Schritt 1: Problemanalyse).

Im nächsten Schritt sollte man die Fragestellung lösungsneutral als Funktion formulieren (Schritt 2: Problemabstraktion): Die angestrebte Bionik-Lösung soll z. B. Farbgebung oder den Schutz vor Umwelteinflüssen ermöglichen – dies ist die eigentliche Funktion eines Lackes und damit die abstrahierte Problemstellung. Man verlässt das spezifische Problem und geht zum Ursprung des Problems und der Funktion zurück, die erfüllt werden soll. Zusätzlich definiert man einen Kontext bzw. Randbedingungen, unter denen die angestrebte Lösung funktionieren sollte. Also beispielsweise, dass sich die Lösung auf bestimmten Oberflächen erzielen lässt.

Nun kann man die Suche in der Biologie beginnen und fragen, wie Lebewesen Farbgebung erreichen oder ihre Oberflächen vor Umwelteinflüssen schützen (Schritt 3: Übertragung in die Biologie). Man sucht nach Analogien in der Natur, wobei es wichtig ist, die Problembeschreibung und die Übertragung auf die Biologie zielgerichtet zu formulieren. Denn die Natur hat mehrfach und vielfältig entwickelt. Je nachdem, wie die Fragestellung lautet, können unterschiedlich viele Vorbilder berücksichtigt werden (Schritt 4: Suche biologischer Vorbilder).

Die Lösungen, die sich bei dem konkreten Beispiel auftun, zeigen unter anderem, dass sich in der Natur Interferenzfarben finden, also eine Farbgebung durch Oberflächenstrukturierung. Bestes Beispiel dafür ist der bereits erwähnte Blaue Morphofalter, der keine Farbstoffe verwendet, sondern eine Schuppenstruktur besitzt, welche für die Farbgebung verantwortlich ist. Daneben können weitere Oberflächenfunktionen biologischer Vorbilder gefunden werden, und man muss sich für ein oder mehrere Vorbilder entscheiden (Schritt 5: Auswahl geeigneter Vorbilder).

Das identifizierte Prinzip der Natur in dem Beispiel schlägt also vor, dass sich zukünftig die Farbgebung der Oberflächen durch Strukturierung lösen ließe und nicht durch Lackierung (Schritt 6: Abstraktion der Biologie). Das Ursprungsproblem wurde soweit abstrahiert, dass nicht mehr das Einsparen von Lackbestandteilen im Vordergrund steht, sondern dass die Farbgebung an sich durch einen völlig neuen Ansatz, nämlich Strukturierung, gelöst werden könnte.

Nun gilt es, die Lösungsidee(n) zu bewerten und auf das ursprüngliche Problem zurückzuführen. In diesem Fall würde die Farbgebung durch Strukturierung das Ursprungsproblem lösen, indem keine Farbpigmente und damit keine Schwermetalle mehr benötigt werden (Schritt 7: Übertragung in die Technik). Als Lackhersteller muss man sich natürlich fragen, ob man sein eigenes Produkt aufgibt und ggf. einen neuen Weg einschlägt, oder aber ob Teilaspekte aus der Lösung genutzt werden können, die das eigene Produkt optimieren.

Ebenso bleibt es dem Entwickler überlassen, welche Materialien und Prozesse er für die Entwicklung einsetzt (Schritt 8: Anwendung und Tests). Dies leitet über zum Aspekt der Umweltverträglichkeit und Nachhaltigkeit, welcher in der Bionik berücksichtigt werden kann und sollte (aber nicht muss).

Nachhaltigkeit und Zukunft der Bionik 4

Die Bionik zählt zu einem der interessantesten Ansätze unserer Zeit, da sie Wissen bereitstellt, welches für technische Innovation und gesellschaftliche Herausforderungen genutzt werden kann. Die Frage dabei ist allerdings, wie genau dieses Wissen systematisch genutzt wird und zur Anwendung kommt. Auch hier spielen wieder zahlreiche Faktoren eine Rolle, an denen aktuell geforscht und gearbeitet wird.

4.1 Nachhaltigkeitspotenzial der Bionik

Von der Bionik wird häufig erwartet, dass sie ökologisch sinnvolle oder „bessere" Produkte liefert. Bei diesem Vergleich von Natur und Technik kommt es allerdings häufig zu Missverständnissen und Fehlinterpretationen. Denn es werden z. T. Größen und Verhältnisse von biologischen und technischen Eigenschaften aufgrund einer Ähnlichkeit miteinander verglichen, die genauen physikalischen Gesetzmäßigkeiten stimmen aber z. B. aufgrund von Skalierungsfaktoren oder mechanischen Größen nicht überein. Ein Beispiel ist der Vergleich von Spinnenseide mit Kevlar- oder Stahl-Fasern. Die Spinnenseide ist nicht in allen physikalischen Kenngrößen zur Beschreibung ihrer Robustheit einer technischen Faser überlegen. So ist sie beispielsweise weniger zugfest als Kevlar. Allerdings zeigt sie in ihrer Belastbarkeit, definiert als die Energiemenge, die sie bei Belastung pro Volumen aufnehmen kann, den höchsten Wert im Vergleich zu technischen Materialien (vgl. Heim et al. 2009).

Außerdem wird die Frage nach der Bewertung von Produkten aufgeworfen. Wie lässt sich ein Bionik-Produkt mit einem klassisch entwickelten Produkt vergleichen und was wird dabei überhaupt verglichen? Auch hier müssen

© Springer Fachmedien Wiesbaden GmbH, ein Teil von Springer Nature 2019 37
K. Wanieck, *Bionik für technische Produkte und Innovation*, essentials,
https://doi.org/10.1007/978-3-658-28450-3_4

Kenngrößen definiert werden, die eine solche Bewertung zulassen, wie z. B. die Reinigbarkeit von herkömmlichen und Oberflächen mit dem Selbstreinigungseffekt der Lotus-Pflanze.

Es gibt bereits erste Ansätze, wie man bionische Entwicklungen im Hinblick auf ihren Beitrag zur Nachhaltigkeit analysieren und bewerten kann (Antony et al. 2016, 2014; Speck et al. 2017). Auch wenn diese z. T. auf bestimmte Branchen, wie die Architektur, beschränkt sind, haben sie gezeigt, dass bionische Entwicklungen umweltverträglicher sein können als vergleichbare Produkte.

Damit orientiert sich die Bionik an der Annahme, dass bionische Produkte relevante Beiträge zur Nachhaltigkeit leisten können. Grundsätzlich muss man dabei beachten, dass biologische Prozesse nicht zwangsläufig nachhaltig sind und auch bionische Produkte *per se* nicht notwendigerweise der Nachhaltigkeit gerecht werden. Das Lernen von den gewonnenen Erkenntnissen über biologische Vorbilder kann zu effizienten und umweltverträglichen Lösungen führen. Allerdings muss dies ein explizit angestrebtes Ziel sein und die entsprechenden Erkenntnisse müssen frühzeitig in der Entwicklung berücksichtigt werden. Dies umfasst z. B.:

- Den Einsatz geeigneter Materialien, z. B. biologisch abbaubare
- Materialeinsparungen durch Form- und Strukturoptimierungen
- Energieeffiziente Prozesse zur Herstellung
- Die Berücksichtigung von Recyclingaspekten über die Lebensdauer eines Produktes hinaus

Für die abschließende Bewertung, ob ein Produkt einen Beitrag zur Nachhaltigkeit erfüllt, benötigt es allgemeine, definierte Kenngrößen und Messwerte, die aktuell erforscht werden.

Viele Prozesse der modernen Wirtschaft und Gesellschaft sind nicht nachhaltig und tragen zur Veränderung unserer Umwelt und dem Klimawandel bei. Zum Erreichen einer nachhaltigeren Gesellschaft haben die Vereinten Nationen 17 Nachhaltigkeitsziele definiert.[1] Dazu zählen u. a. sauberes Wasser und Energie sowie nachhaltige Städte und Gemeinschaften. Auch die Bionik kann dazu einen Beitrag leisten (Gebeshuber et al. 2009), wie z. B. im Fall von der Versorgung mit sauberem Trinkwasser. So zeigen Lebewesen in aquatischen Gebieten besondere Fähigkeiten zur Reinigung und Filtration von Wasser, von denen man sich für

---

[1]www.un.org/sustainabledevelopment/sustainable-development-goals/ (Zugegriffen: 24.09.2019).

geeignet Wasseraufbereitungsanalegen inspirieren lassen kann. Auch das Beispiel von Wassersammelanlagen aus Nebel nach dem Vorbild des sogenannten Nebeltrinkerkäfers (Schwarzkäfer *Onymacris unguicularis*) zeigt, was Bionik leisten kann (Sarsour et al. 2010).

Dabei kann die Bionik neben der klassischen Produktentwicklung auch durch systemische Ansätze wichtige Beiträge zu aktuellen Herausforderungen leisten.

4.2 Gesellschaftliche Herausforderungen

Die Bionik gilt im Bereich der technischen Produktentwicklung als etabliert. Ihr eigentliches Potenzial soll sie nach weiteren Studien aber vor allem auf der Ebene der Wirtschaftsbionik erzielen, die Beziehungen zwischen Organisationen, Branchen und Märkte inspiriert (Ferdinand et al. 2012). Damit werden systemische Aspekte von Lebewesen, wie Adaptivität, Flexibilität oder Resilienz genutzt, um Organisationen und ihre Teile sowie ganze Wirtschaftssysteme in einer sehr dynamischen Zeit robust zu gestalten, z. B. gegenüber Krisen.

Die Bionik hat auch einen Bezug zu Ansätzen wie *Circular Economy* oder *Industrial Ecology,* die sich mit Kreislaufsystemen befassen. Damit soll die lineare Prozesskette *Produktion – Konsum – Abfall* durchbrochen werden und durch passende Reparatur- oder Recycling-Maßnahmen ersetzt werden. Ein ebenfalls von der Natur inspirierter Gedanke, da biologische Systeme als eine Grundeigenschaft das totale Recycling zeigen (vgl. Nachtigall 2002).

Im Bereich der Gesellschaft, die sich auf Wohlstand und Lebensqualität ausrichtet, ist noch ein großes Feld der Bionik-Anwendung zu bearbeiten. Biologisch inspirierte Konzepte können dazu beitragen, Lebensräume qualitativ wertvoll zu gestalten. Dies kann beispielsweise durch Wohnhäuser geschehen, die besonders gut mit Tageslicht erhellt werden, die ein angenehmes Raumklima besitzen oder durch ganze Stadtkonzepte, die die Bedürfnisse ihrer Bewohner berücksichtigen. Auch dabei können Anregungen aus der Biologie kommen, die konkrete bionische Produkte einsetzen, wie z. B. Klimatisierungseffekte oder Wärmedämmungssysteme.

Indirekt kann die Bionik auch zum Schutz der Biodiversität beitragen. Wenn klar ist, welches Potenzial Lebewesen als Inspirationsquelle für die Lösung technischer und gesellschaftlicher Herausforderungen haben, dann stehen die Chancen gut, dass auch der Schutz der Biodiversität und die Arterhaltung eine größere Bedeutung erlangen.

Was Sie aus diesem *essential* mitnehmen können

- Ihren eigenen Zugang zur Bionik und Ihre Rolle in einem Bionik-Projekt.
- Die methodische Herangehensweise der Bionik und wie sie sich je nach Projekt anpassen und einsetzen lässt.
- Den Hinweis auf existierende Werkzeuge und Methoden, die im Prozess der Bionik eingesetzt werden können.

© Springer Fachmedien Wiesbaden GmbH, ein Teil von Springer Nature 2019

K. Wanieck, *Bionik für technische Produkte und Innovation,* essentials,
https://doi.org/10.1007/978-3-658-28450-3

Literatur

Altshuller, G. (2000). *The innovation algorithm: TRIZ, systematic innovation and technical creativity*. Worcester: Technical Innovation Center.

Antony, F., Grießhammer, R., Speck, T., & Speck, O. (2016). The cleaner, the greener? Product sustainability assessment of the biomimetic façade paint Lotusan® in comparison to the conventional façade paint Jumbosil®. *Beilstein Journal of Nanotechnology, 7,* 2100–2115. https://doi.org/10.3762/bjnano.7.200.

Antony, F., Grießhammer, R., Speck, T., & Speck, O. (2014). Sustainability assessment of a lightweight biomimetic ceiling structure. *Bioinspiration & Biomimetics, 9,* 016013. https://doi.org/10.1088/1748-3182/9/1/016013.

Arzt, E. (2006). Biological and artificial attachment devices: Lessons for materials scientists from flies and geckos. *Materials Science and Engineering: C, 26,* 1245–1250. https://doi.org/10.1016/j.msec.2005.08.033.

Autumn, K., & Gravish, N. (2008). Gecko adhesion: Evolutionary nanotechnology. *Philosophical Transactions of the Royal Society A: Mathematical, Physical and Engineering Sciences, 366,* 1575–1590. https://doi.org/10.1098/rsta.2007.2173.

Bachmann, T., & Wagner, H. (2011). The three-dimensional shape of serrations at barn owl wings: Towards a typical natural serration as a role model for biomimetic applications: Three-dimensional shape of serrations at barn owl wings. *Journal of Anatomy, 219,* 192–202. https://doi.org/10.1111/j.1469-7580.2011.01384.x.

Barthlott, W., & Neinhuis, C. (1997). Purity of the sacred lotus, or escape from contamination in biological surfaces. *Planta, 202,* 1–8. https://doi.org/10.1007/s004250050096.

Beismann, H. (2018). Bionik in Entwicklungsprozesse integrieren. In A. Sauer (Hrsg.), *Bionik in der Strukturoptimierung: Praxishandbuch für ressourceneffizienten Leichtbau.* Würzburg: Vogel Business Media.

Benyus, J. M. (2008). *Biomimicry: innovation inspired by nature.* New York: Harper Perennial.

Bertling, J. (2014). Bionik als Innovationsstrategie. In C. Herstatt, K. Kalogerakis, & M. Schulthess (Hrsg.), *Innovationen durch Wissenstransfer* (S. 139–182). Wiesbaden: Springer Fachmedien Wiesbaden. https://doi.org/10.1007/978-3-658-01566-4_7.

Cerman, Z., Barthlott, W., & Nieder, J. (Hrsg.). (2007). *Erfindungen der Natur: Bionik – Was wir von Pflanzen und Tieren lernen können* (2. Aufl., rororo science). Reinbek bei Hamburg: Rowohlt-Taschenbuch-Verl.

© Springer Fachmedien Wiesbaden GmbH, ein Teil von Springer Nature 2019

K. Wanieck, *Bionik für technische Produkte und Innovation,* essentials,

https://doi.org/10.1007/978-3-658-28450-3

Chirazi, J., Wanieck, K., Fayemi, P.-E., Zollfrank, C., & Jacobs, S. (2019). What do we learn from good practices of biologically inspired design in innovation? *Applied Sciences, 9,* 650. https://doi.org/10.3390/app9040650.

DIN ISO 18458:2016-08. Bionik – Terminologie, Konzepte und Methodik (ISO 18458:2015).

Domb, E. (1998). Using the ideal final result to define the problem to be solved. The TRIZ Institute, Upland, CA 91786 USA.

Fayemi, P.-E., Maranzana, N., Aoussat, A., & Bersano, G. (2015). Assessment of the biomimetic toolset – Design spiral methodology analysis. In A. Chakrabarti (Hrsg.), *ICoRD'15 – Research into design across boundaries* (Bd. 2, S. 27–38). New Delhi: Springer.

Fayemi, P. E., Wanieck, K., Zollfrank, C., Maranzana, N., & Aoussat, A. (2017). Biomimetics: Process, tools and practice. *Bioinspiration & Biomimetics, 12,* 011002. https://doi.org/10.1088/1748-3190/12/1/011002.

Ferdinand, J.-P., Petschow, U., von Gleich, A., & von Seipold, P. (Hrsg.). (2012). *Literaturstudie Bionik: Analyse aktueller Entwicklungen und Tendenzen im Bereich der Wirtschaftsbionik, Schriftenreihe des IÖW*. Berlin: IÖW.

Fish, F. E., & Beneski, J. T. (2014). Evolution and bio-inspired design: Natural limitations. In A. K. Goel, D. A. McAdams, & R. B. Stone (Hrsg.), *Biologically inspired design* (S. 287–312). London: Springer London. https://doi.org/10.1007/978-1-4471-5248-4_12.

Gao, J., Chu, J., Shang, H., & Guan, L. (2015). Vibration attenuation performance of long-eared owl plumage. *Bioinspired, Biomimetic and Nanobiomaterials, 4,* 187–198. https://doi.org/10.1680/jbibn.15.00003.

Gassmann, O., & Granig, P. (2013). *Innovationsmanagement: 12 Erfolgsstrategien für KMU*. München: Hanser.

Gaubinger, K., Rabl, M., Swan, S., & Werani, T. (2015). *Innovation and Product Management*, Springer Texts in Business and Economics. Springer Berlin Heidelberg, Berlin. https://doi.org/10.1007/978-3-642-54376-0.

Gebeshuber, I. C., Gruber, P., & Drack, M. (2009). A gaze into the crystal ball: Biomimetics in the year 2059. *Proceedings of the Institution of Mechanical Engineers, Part C: Journal of Mechanical Engineering Science, 223,* 2899–2918. https://doi.org/10.1243/09544062JMES1563.

Gimpel, B., Herb, T., & Herb, R. (2000). *Ideen finden, Produkte entwickeln mit TRIZ*. München: Hanser.

Gramann, J. (2004). *Problemmodelle und Bionik als Methode* (1. Aufl., Produktentwicklung). München: Dr. Hut.

Hartschen, M., Scherer, J., & Brügger, C. (2015). *Innovationsmanagement: die 6 Phasen von der Idee zur Umsetzung* (3. Aufl.). Offenbach: Gabal.

Heim, M., Keerl, D., & Scheibel, T. (2009). Spider silk: From soluble protein to extraordinary fiber. *Angewandte Chemie International Edition, 48,* 3584–3596. https://doi.org/10.1002/anie.200803341.

Helms, M., & Goel, A. K. (2014). The four-box method: Problem formulation and analogy evaluation in biologically inspired design. *Journal of Mechanical Design, 136,* 111106. https://doi.org/10.1115/1.4028172.

Herb, R., Herb, T., & Kohnhauser, V. (2000). *TRIZ: der systematische Weg zur Innovation; Werkzeuge, Praxisbeispiele, Schritt-für-Schritt-Anleitungen.* Landsberg: Verlag Moderne Industrie.

Hollermann, M. (2012). *Enabling biomimetics – Development and evaluation of a biomimetic methodology for supporting creativity in product innovation.* Universität Bremen.

Hooker, G., & Smith, E. (2016). AskNature and the biomimicry taxonomy. *Insight, 19,* 46–49. https://doi.org/10.1002/inst.12073.

Jacobs, S. R., Nichol, E. C., & Helms, M. E. (2014). „Where Are We Now and Where Are We Going?" The BioM innovation database. *Journal of Mechanical Design, 136,* 111101. https://doi.org/10.1115/1.4028171.

Jakoby, W. (2013). *Problemlösungsprozesse, in: Projektmanagement für Ingenieure* (S. 35–72). Wiesbaden: Springer Fachmedien Wiesbaden. https://doi.org/10.1007/978-3-8348-2274-1_2.

Lepora, N. F., Verschure, P., & Prescott, T. J. (2013). The state of the art in biomimetics. *Bioinspiration & Biomimetics, 8*(1), 013001.

Lindemann, U. (2009). *Methodische Entwicklung technischer Produkte.* Berlin: Springer Berlin Heidelberg. https://doi.org/10.1007/978-3-642-01423-9.

McInerney, S., Khakipoor, B., Garner, A., Houette, T., Unsworth, C., Rupp, A., Weiner, N., Vincent, J., Nagel, J., & Niewiarowski, P. (2018). E2BMO: Facilitating user interaction with a biomimetic ontology via semantic translation and interface design. *Designs, 2,* 53. https://doi.org/10.3390/designs2040053.

Nachtigall, W. (2010). Bionik als Wissenschaft. *Springer, Berlin Heidelberg, Berlin, Heidelberg.* https://doi.org/10.1007/978-3-642-10320-9.

Nachtigall, W. (2002). *Bionik: Grundlagen und Beispiele für Ingenieure und Naturwissenschaftler* ; mit 440 Abbildungen (2., vollst. neu bearb. Aufl.). Berlin: Springer.

Nachtigall, W., & Wisser, A. (2005). *Biologisches Design systematischer Katalog für bionisches Gestalten.* Berlin: Springer.

Nagel, J. K. S., Nagel, R. L., & Stone, R. B. (2011). Abstracting biology for engineering design. *International Journal of Design Engineering, 4,* 23. https://doi.org/10.1504/IJDE.2011.041407.

Nagel, R. L., Midha, P. A., Tinsley, A., Stone, R. B., McAdams, D. A., & Shu, L. H. (2008). Exploring the use of functional models in biomimetic conceptual design. *Journal of Mechanical Design, 130,* 121102. https://doi.org/10.1115/1.2992062.

Oertel, D., & Grunwald, A. (2006). *Potenziale und Anwendungsperspektiven der Bionik – Vorstudie* (Arbeitsbericht No. 108).

Rowland, R. (2017). Biomimicry step-by-step. *Bioinspired, biomimetic and nanobiomaterials, 6,* 102–112. https://doi.org/10.1680/jbibn.16.00019.

Sarsour, J., Stegmaier, T., Linke, M., & Planck, H. (2010). Bionic development of textile materials for harvesting water from fog. Presented at the 5th International Conference on Fog, Fog Collection and Dew, Münster, Germany.

Sell, R., & Schimweg, R. (2002). *Probleme lösen.* Berlin: Springer. https://doi.org/10.1007/978-3-642-56185-6.

Snell-Rood, E. (2016). Interdisciplinarity: Bring biologists into biomimetics. *Nature, 529,* 277–278. https://doi.org/10.1038/529277a.

Speck, O., Speck, D., Horn, R., Gantner, J., & Sedlbauer, K. P. (2017). Biomimetic bio-inspired biomorph sustainable? An attempt to classify and clarify biology-derived technical developments. *Bioinspiration & Biomimetics, 12*, 011004. https://doi.org/10.1088/1748-3190/12/1/011004.

Speck, T. (Hrsg.). (2012). *Bionik: faszinierende Lösungen der Natur für die Technik der Zukunft*. Freiburg im Breisgau: Lavori-Verl.

VDI 6220 Blatt 1. (2019-07). Bionik – Grundlagen, Konzeption und Strategie.

VDI 6220 Blatt 1. (2012-12). Bionik – Konzeption und Strategie – Abgrenzung zwischen bionischen und konventionellen Verfahren/Produkten.

Vincent, J. F. V. (2009). Biomimetics – A review. *Proceedings of the Institution of Mechanical Engineers, Part H: Journal of Engineering in Medicine, 223*, 919–939. https://doi.org/10.1243/09544119JEIM561.

von Gleich, A., Pade, C., Petschow, U., Pissarskoi, E., & Affinas, S. (2007). *Bionik: aktuelle Trends und zukünftige Potenziale*. Bremen: Universität Bremen, Fachbereich 4 Produktionstechnik.

Wanieck, K., Fayemi, P.-E., Maranzana, N., Zollfrank, C., & Jacobs, S. (2017). Biomimetics and its tools. *Bioinspired, Biomimetic and Nanobiomaterials, 6*, 53–66. https://doi.org/10.1680/jbibn.16.00010.